MATEMÁTICAS PARA LAS INDUSTRIAS CULTURALES

Pablo Navarro Roncal

© Pablo Navarro Roncal

© Derechos de edición:
Nau Llibres
Periodista Badía 10. 46010 Valencia. Tel.: 96 360 33 36
E-mail: nau@naullibres.com - web: www.naullibres.com

Diseño de portada e interiores: Ilustración de cubierta:
Artes Digitales Nau Llibres   @Amelisk

Imágenes e ilustraciones:
@Amelisk

Imprime:
Podiprint. Impreso en España. Printed in Spain.

ISBN13: 978-84-19755-76-6

Depósito Legal: V- 4371 - 2024

El maestro que ama enseñar
consigue que sus alumnos amen aprender

Platón

Índice

Introducción

Las industrias culturales constituyen un sector clave en la economía global, representando un motor de desarrollo, empleo y creatividad. Este vasto universo abarca una amplia gama de actividades, desde la producción editorial hasta el cine, la música y las artes escénicas. En un entorno tan competitivo y cambiante, donde las decisiones deben tomarse con rapidez y precisión, las matemáticas se erigen como una herramienta esencial para optimizar procesos, controlar la calidad y anticipar tendencias.

El propósito de este libro es ofrecer una guía clara y rigurosa sobre tres técnicas matemáticas fundamentales aplicadas a las industrias culturales: la inspección por planes de muestreo, el análisis de costes de diagnosis y el cálculo de previsiones temporales. Cada capítulo está diseñado para proporcionar al lector una comprensión profunda de estas herramientas y su aplicación práctica en situaciones reales.

0.1. Contexto de las industrias culturales

Las industrias culturales operan en un entorno caracterizado por la alta variabilidad de la demanda y la necesidad constante de innovación. A diferencia de otros sectores, la calidad de los productos culturales está intrínsecamente ligada a la percepción subjetiva del público, lo que complica el control de calidad y la previsión de ventas. Sin embargo, existen aspectos cuantificables que pueden ser analizados mediante técnicas matemáticas para mejorar la eficiencia y reducir los riesgos.

La naturaleza compleja de estas industrias exige una gestión que combine creatividad y rigor analítico. Pongamos el caso de la industria editorial, de donde sacaremos la mayoría de ejemplos, decisiones sobre la cantidad de ejemplares a imprimir en una tirada inicial deben basarse en previsiones de demanda, mientras que en el ámbito cinematográfico puede ser más conveniente centrarse en prever con precisión los costes y el tiempo de producción para evitar sobrecostes y retrasos.

0.2. Estructura del libro

Este libro está dividido en tres capítulos, cada uno de los cuales aborda una herramienta específica:

1. Inspección por planes de muestreo: Se presenta como una metodología estadística para garantizar la calidad de los productos sin necesidad de inspeccionar cada unidad. Esta técnica es especialmente útil en la producción editorial, donde los grandes volúmenes de impresión hacen inviable una inspección total.

La inspección por muestreo permite equilibrar el coste de la inspección con el riesgo de aceptar productos defectuosos. Por ejemplo, en una imprenta que produce miles de libros al día, inspeccionar cada unidad resultaría inviable. En cambio, mediante un plan de muestreo adecuado, se puede asegurar la calidad general de los lotes con una fracción del esfuerzo.

2. Costes de diagnosis: En este capítulo se analizan los costes asociados al control de calidad y el reajuste de los procesos productivos. Se explica cómo calcular el coste total por unidad producida y cómo optimizar los parámetros de diagnosis para minimizar las pérdidas.

La gestión de los costes de diagnosis es fundamental para mantener la rentabilidad de una empresa. Un sistema de control de calidad eficiente debe equilibrar los costes de inspección y los de corrección de defectos, evitando tanto la producción en masa de unidades defectuosas como el exceso de paradas en la línea de producción.

3. Cálculo de previsiones temporales: Este capítulo aborda las técnicas de previsión más utilizadas en la industria, desde modelos simples hasta enfoques más avanzados como el alisado exponencial y el análisis de regresión. La capacidad de prever la demanda es clave para la gestión eficiente de los recursos y la toma de decisiones.

En el contexto de las industrias culturales, las previsiones temporales son esenciales para planificar la producción y la distribución de productos. Un error en la estimación de la demanda puede llevar a excesos de inventario o a la pérdida de oportunidades de venta.

0.3. Objetivos del libro

El principal objetivo de esta obra es proporcionar a profesionales, estudiantes y gestores de las industrias culturales una base sólida en la aplicación de herramientas matemáticas para la resolución de problemas habituales en su entorno. A través de ejemplos prácticos y casos reales, el lector podrá:

- Entender la importancia del muestreo estadístico en el control de calidad.
- Evaluar los costes asociados a la diagnosis y el reajuste de procesos.
- Desarrollar modelos de previsión adecuados a las características específicas de su organización.

Además, este libro pretende fomentar una visión integral de la gestión en las industrias culturales, combinando el análisis cuantitativo con la creatividad inherente a este sector. La aplicación de herramientas matemáticas no solo permite mejorar la eficiencia operativa, sino también abrir nuevas posibilidades para la innovación y el desarrollo de productos.

0.4. Importancia de las matemáticas en las industrias culturales

Si bien las matemáticas suelen asociarse a disciplinas técnicas, su aplicación en las industrias culturales es cada vez más relevante. Desde la optimización de la logística en la distribución de libros hasta la planificación de la producción cinematográfica, las herramientas matemáticas permiten mejorar la toma de decisiones y aumentar la competitividad.

En un mundo donde la digitalización ha multiplicado las opciones de consumo cultural, contar con sistemas de previsión precisos y eficientes es fundamental para anticiparse a las tendencias del mercado. Del mismo modo, el control de calidad mediante planes de muestreo garantiza que los productos cumplan con los estándares esperados por el público, evitando así la pérdida de clientes y el deterioro de la imagen de la marca.

Ejemplo práctico: Una editorial que lanza un nuevo título debe decidir el tamaño de la tirada inicial. Si imprime demasiados ejemplares y la demanda es baja, incurrirá en costes innecesarios de almacenamiento y devoluciones. Por el contrario, si imprime pocos ejemplares y la demanda supera lo previsto, perderá ventas y dañará su relación con los distribuidores. Mediante el uso de modelos de previsión adecuados, la editorial puede estimar con mayor precisión la demanda esperada y optimizar su decisión.

0.5. Metodología empleada

Para la elaboración de este libro se ha recurrido a fuentes académicas y estudios de caso provenientes de empresas líderes en el sector cultural. Cada capítulo incluye una explicación teórica detallada, seguida de ejemplos prácticos y ejercicios de aplicación. De este modo, el lector podrá no solo comprender los conceptos, sino también aplicarlos en su ámbito profesional.

0.5.1. La metodología adoptada se centra en:

1. Explicación teórica: Se presentan los conceptos matemáticos de forma clara y accesible, evitando tecnicismos innecesarios.

2. Ejemplos prácticos: Cada técnica se ilustra con ejemplos extraídos de situaciones reales en el ámbito de las industrias culturales. Estos ejemplos buscan mostrar cómo las herramientas matemáticas pueden aplicarse de manera efectiva en problemas concretos, facilitando su comprensión y posterior aplicación.

3. Ejercicios de aplicación: Al final de cada capítulo se incluyen ejercicios propuestos que permiten al lector poner en práctica los conceptos aprendidos. Estos ejercicios están diseñados para abarcar distintos niveles de dificultad, desde problemas básicos hasta casos más complejos que simulan situaciones reales.

0.5.2. Ejemplos de aplicación en distintos sectores

1. Sector editorial
   En el sector editorial, una de las decisiones más importantes es la gestión del inventario. Las editoriales deben decidir cuántos ejemplares de un libro imprimir en la primera tirada y cuándo realizar nuevas reimpresiones. Si imprimen demasiados ejemplares, corren el riesgo de acumular stock que no se venda; si imprimen pocos, pueden

quedarse sin unidades justo cuando la demanda está en su punto más alto.

Mediante el uso de técnicas de previsión basadas en datos históricos de ventas y análisis de tendencias del mercado, las editoriales pueden reducir estos riesgos. Por ejemplo, si se observa que un género literario específico, como la novela de misterio, está en auge, se pueden ajustar las previsiones para aumentar la tirada inicial de títulos relacionados.

2. Producción musical

En la industria musical, las decisiones sobre la producción y distribución de discos, así como la organización de giras y conciertos, dependen en gran medida de la capacidad para prever la demanda. Las discográficas utilizan modelos matemáticos para analizar patrones de consumo y estimar el éxito potencial de un álbum o de un artista en particular.

Un ejemplo práctico es el uso de análisis de series temporales para prever el impacto de una campaña de marketing en las ventas de un nuevo lanzamiento. Si se identifica que las ventas tienden a aumentar significativamente durante las dos primeras semanas tras el lanzamiento de un sencillo, la discográfica puede concentrar sus esfuerzos promocionales en ese periodo para maximizar el impacto.

3. Artes escénicas

Las compañías de teatro y danza enfrentan desafíos similares a los de otros sectores culturales en términos de gestión de recursos y previsión de la demanda. La planificación de una temporada de espectáculos requiere anticipar la cantidad de entradas que se venderán para cada función, así como los costes asociados a la producción. Mediante el uso de herramientas de previsión, las compañías pueden estimar con mayor precisión la demanda esperada y ajustar su programación en consecuencia. Por ejemplo, si un análisis de datos muestra que ciertos espectáculos tienen una mayor demanda durante los fines de semana, la compañía puede programar más funciones en esos días para aumentar la rentabilidad.

0.6. Beneficios de aplicar herramientas matemáticas

La aplicación de herramientas matemáticas en las industrias culturales ofrece múltiples beneficios, entre los que destacan:

- Optimización de recursos: Permite una asignación más eficiente de los recursos disponibles, reduciendo costes y mejorando la rentabilidad.
- Mejora en la toma de decisiones: Las decisiones basadas en datos y modelos matemáticos suelen ser más precisas y fundamentadas que aquellas basadas únicamente en la intuición.
- Reducción de riesgos: Al anticipar posibles problemas y evaluar distintas alternativas, se pueden minimizar los riesgos asociados a la producción y distribución de productos culturales.
- Incremento de la competitividad: Las organizaciones que utilizan herramientas matemáticas para optimizar sus procesos y tomar decisiones informadas suelen ser más competitivas en el mercado.

0.7. Conclusión

Matemáticas para las Industrias Culturales es una obra que busca tender un puente entre la creatividad y el rigor técnico. Al integrar herramientas matemáticas en la gestión de las industrias culturales, se abren nuevas oportunidades para mejorar la eficiencia, reducir los costes y aumentar la calidad de los productos ofrecidos.

Invitamos al lector a adentrarse en este fascinante mundo donde los números y la cultura se combinan para dar lugar a soluciones innovadoras y sostenibles. Estamos convencidos de que las herramientas aquí presentadas serán de gran utilidad en la práctica diaria de quienes se desempeñan en este apasionante sector.

Capítulo 1.

Inspección
por planes de muestreo

1.1. Introducción

La inspección por planes de muestreo es un método crucial en los procesos productivos para garantizar que los productos cumplan con los estándares de calidad requeridos. Este control es básico para evitar la transferencia de mala calidad entre empresas o departamentos. La inspección se puede aplicar tanto a productos provenientes de proveedores externos como a los que se generan dentro de la propia organización, implementando el concepto de cliente interno.

Este tipo de inspección es esencial en sectores donde la calidad debe ser consistente y donde una inspección total de cada unidad sería inviable por cuestiones de coste y tiempo. Por tanto, los planes de muestreo proporcionan una solución eficiente para evaluar grandes lotes sin necesidad de examinarlos por completo.

1.2. **¿En qué consiste la inspección por muestreo?**

El objetivo principal de este tipo de inspección es decidir, a partir de una muestra representativa, si el lote completo cumple con los requisitos de calidad. La base para tomar esta decisión es analizar las propiedades de una cantidad reducida de elementos seleccionados del lote total, asegurando que esta muestra sea lo suficientemente representativa. Las propiedades evaluadas pueden ser:

- **Cuantitativas (variables):** Propiedades medibles como peso, longitud o espesor. Estas características se expresan numéricamente y permiten un análisis detallado de las desviaciones respecto a los estándares.

- **Cualitativas (atributos):** Características observables como color, textura o defectos visuales. En este caso, se determina si cada elemento cumple o no con un criterio específico.

El proceso de inspección por muestreo requiere establecer reglas claras sobre el tamaño de la muestra y los criterios de aceptación o rechazo del lote. Estas reglas se basan en principios estadísticos que buscan equilibrar el coste de la inspección con el riesgo de tomar decisiones incorrectas.

Dado que la decisión se toma a partir de un muestreo y no del total de elementos, siempre existe un riesgo asociado tanto para el proveedor como para el cliente. Este riesgo se traduce en la posibilidad de aceptar lotes defectuosos o rechazar lotes que cumplen con los estándares.

Ejemplo: Supongamos que una fábrica de envases plásticos recibe lotes de 10.000 tapas de botellas de un proveedor. Realizar una inspección completa sería costoso y lento, por lo que se decide inspeccionar una muestra de 200 tapas. Si en la inspección se encuentran menos de 5 tapas defectuosas, el lote se acepta; de lo contrario, se rechaza. Este procedimiento permite tomar decisiones rápidas sin comprometer la calidad.

1.3. Factores que definen un plan de muestreo

Los planes de muestreo permiten estimar la calidad de un lote mediante el análisis de una muestra extraída de este. Para definir un plan de muestreo se deben considerar los siguientes factores:

1. **Tamaño de la muestra (n):** Cantidad de elementos seleccionados para la inspección. Un tamaño de muestra mayor incrementa la precisión del resultado, pero también aumenta los costes y el tiempo de inspección.

2. **Número de aceptación (Ac):** Máxima cantidad de unidades defectuosas permitidas en la muestra para que el lote sea aceptado. Este número se establece en función del *Nivel de Calidad Aceptable* (NCA).

3. **Número de rechazo (Re):** Cantidad de unidades defectuosas a partir de la cual se rechaza el lote. Si el número de defectos encontrados supera este valor, se considera que el lote no cumple con los requisitos de calidad.

4. **Curva característica u operativa (Pa):** Representa la probabilidad de aceptación de un lote en función del porcentaje de defectuosos que contiene. Esta curva es fundamental para evaluar el desempeño del plan de muestreo.

I.4. La curva característica u operativa

Esta curva es una herramienta fundamental para evaluar la eficacia de un plan de muestreo. Muestra la probabilidad de aceptación (Pa) del lote en función de tres variables:

- El tamaño de la muestra (n).
- El número de aceptación (Ac).
- El porcentaje de defectuosos reales en el lote.

La curva también permite determinar la probabilidad de rechazo (Pre) del lote, cumpliendo la relación Pa + Pre = 1. Según la forma de la curva, se pueden diferenciar planes de muestreo con mayor o menor capacidad discriminante. Cuanto más plana sea la curva, menor será la capacidad del plan para distinguir entre lotes buenos y malos.

Una curva muy discriminante tiene una pendiente pronunciada, lo que implica que un pequeño cambio en el porcentaje de defectuosos del lote puede llevar a un cambio drástico en la probabilidad de aceptación. Este tipo de curva es deseable cuando se quiere minimizar el riesgo de aceptar lotes defectuosos o rechazar lotes aceptables.

Ejemplo: Si una empresa farmacéutica utiliza un plan de muestreo para lotes de 5.000 pastillas, y la curva característica muestra que con un porcentaje de defectuosos del 2% hay un 95% de probabilidad de aceptación, se podría ajustar el plan para disminuir el riesgo aumentando el tamaño de la muestra.

1.5. Niveles de calidad y riesgos asociados

En los planes de muestreo es importante definir los niveles de calidad y los riesgos que se están dispuesto a asumir tanto el proveedor como el cliente. Los conceptos clave son:

1. **Nivel de Calidad Aceptable (NCA):** Es el porcentaje máximo promedio de defectuosos que el cliente está dispuesto a aceptar en los lotes. Aunque algunos lotes puedan superar este nivel, deben compensarse con otros de menor porcentaje de defectuosos. El NCA se utiliza para establecer los criterios de aceptación y rechazo en los planes de muestreo. Por ejemplo, un cliente puede aceptar un NCA del 1%, lo que significa que, en promedio, se permite que hasta el 1% de las unidades de un lote sean defectuosas.

2. **Calidad Límite (CL):** Representa el porcentaje máximo de defectuosos que se puede admitir en un lote individual. Su objetivo es proteger contra la aceptación de lotes con calidad inferior al mínimo exigido. La CL se define para evitar que se acepten lotes con un nivel de calidad significativamente inferior al esperado. Si un lote supera este límite, debe ser rechazado automáticamente, independientemente de otros factores.

3. Riesgos del plan de muestreo:
   - **Riesgo del productor (α):** Probabilidad de que un lote que cumple con los estándares sea rechazado. Se considera aceptable un nivel del 5%.
   - **Riesgo del consumidor (β):** Probabilidad de que un lote defectuoso sea aceptado. Generalmente, se establece en torno al 10%.

Ejemplo: En una planta de producción de textiles, el riesgo del productor se traduce en el coste asociado a lotes rechazados que realmente cumplían con los estándares. Si el coste de rechazar un lote es elevado, la empresa podría optar por un plan de muestreo menos severo, reduciendo el riesgo α.

1.6. Procedimiento de muestreo según la norma ISO 2859-1

La norma UNE-ISO 2859-1: 2012 regula los procedimientos de muestreo para la inspección de lotes. Esta norma tiene su origen en el estándar MIL STD 105 desarrollado por el ejército de los Estados Unidos durante la Segunda Guerra Mundial, y ha sido ampliamente adoptada en el ámbito industrial.

1.6.1. Niveles de inspección

La norma establece diversos niveles de inspección que determinan la relación entre el tamaño del lote y el tamaño de la muestra. Se distinguen:

- Niveles **generales** de inspección:
  - Nivel I: Menor severidad.
  - Nivel II: Severidad intermedia (uso más habitual).
  - Nivel III: Mayor severidad.

- Niveles **especiales** de inspección: S-1, S-2, S-3 y S-4. Se emplean en situaciones excepcionales, como inspecciones destructivas o cuando los recursos son limitados.

Cada nivel de inspección se utiliza según el contexto y los objetivos de control de calidad. Por ejemplo, el nivel I puede ser adecuado cuando el riesgo asociado a los defectos es bajo, mientras que el nivel III se emplea en situaciones donde la calidad es crítica.

1.6.2. Cambios de severidad en la inspección

La norma permite ajustar la severidad de la inspección según la experiencia previa con el proveedor y el comportamiento de los lotes inspeccionados. Las reglas para cambiar la severidad son:

- De reducida a normal: Tras un rechazo.
- De normal a rigurosa: Si se rechazan 2 de los últimos 5 lotes inspeccionados.
- De rigurosa a normal: Tras aceptar 5 lotes consecutivos sin rechazo.
- De normal a reducida: Si la autoridad responsable lo considera adecuado.

Este sistema de cambios de severidad permite adaptar el nivel de control a la calidad real de los lotes suministrados, incentivando a los proveedores a mantener altos estándares de calidad.

1.7. Tablas de inspección de la UNE-ISO 2859-I: 2012

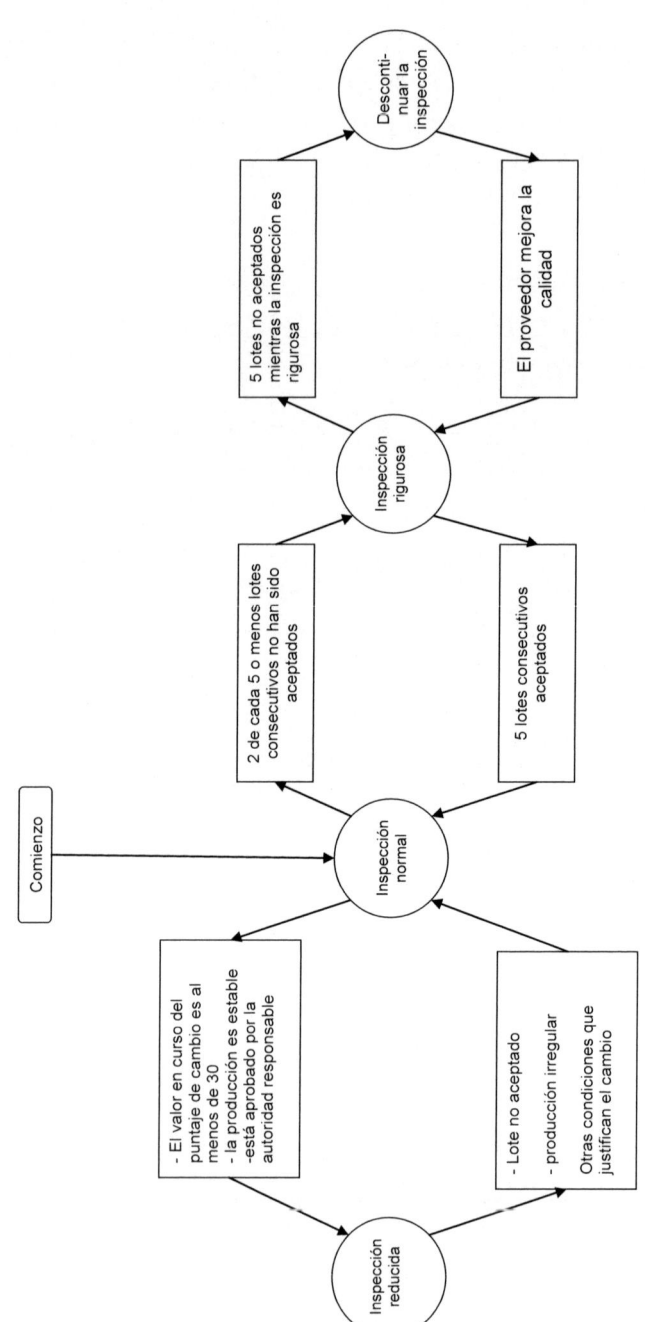

Figura 1 – Resumen de las reglas del cambio (ver 9.3)

Tabla 1 — Código alfabético del tamaño de la muestra (ver 10.1 y 10.2)

Tamaño del lote	Niveles especiales de inspección				Niveles generales de inspección		
	S-1	S-2	S-3	S-4	I	II	III
2 a 8	A	A	A	A	A	A	B
9 a 15	A	A	A	A	A	B	C
16 a 25	A	A	B	B	B	C	D
26 a 50	A	B	B	C	C	D	E
51 a 90	B	B	C	C	C	E	F
91 a 150	B	B	C	D	D	F	G
151 a 280	B	C	D	E	E	G	H
281 a 500	B	C	D	E	F	H	J
501 a 1 200	C	C	E	F	G	J	K
1 201 a 3 200	C	D	E	G	H	K	L
3 201 a 10 000	C	D	F	G	J	L	M
10 001 a 35 000	C	D	F	H	K	M	N
35 001 a 150 000	D	E	G	J	L	N	P
150 001 a 500 000	D	E	G	J	M	P	Q
500 000 y más	D	E	H	K	N	Q	R

Tabla 2-A — Planes de muestreo simple para la inspección normal (Tabla principal)

Límite aceptable de calidad, AQL, en porcentaje de ítems no-conformes y no conformidades por 100 ítems (inspección normal)

(Cada celda de AQL contiene los valores "Ac Re". ↓ = usar el primer plan de muestreo por debajo de la flecha. ↑ = usar el primer plan de muestreo por encima de la flecha.)

Letra código del tamaño de muestra	Tamaño de la muestra	0,010	0,015	0,025	0,040	0,065	0,10	0,15	0,25	0,40	0,65	1,0	1,5	2,5	4,0	6,5	10	15	25	40	65	100	150	250	400	650	1000
A	2	↓	↓	↓	↓	↓	↓	↓	↓	↓	↓	↓	↓	↓	↓	↓	↓	0 1	1 2	2 3	3 4	5 6	7 8	10 11	14 15	21 22	30 31
B	3	↓	↓	↓	↓	↓	↓	↓	↓	↓	↓	↓	↓	↓	↓	↓	0 1	1 2	2 3	3 4	5 6	7 8	10 11	14 15	21 22	30 31	44 45
C	5	↓	↓	↓	↓	↓	↓	↓	↓	↓	↓	↓	↓	↓	↓	0 1	1 2	2 3	3 4	5 6	7 8	10 11	14 15	21 22	30 31	44 45	↑
D	8	↓	↓	↓	↓	↓	↓	↓	↓	↓	↓	↓	↓	↓	0 1	1 2	2 3	3 4	5 6	7 8	10 11	14 15	21 22	30 31	44 45	↑	↑
E	13	↓	↓	↓	↓	↓	↓	↓	↓	↓	↓	↓	↓	0 1	1 2	2 3	3 4	5 6	7 8	10 11	14 15	21 22	30 31	44 45	↑	↑	↑
F	20	↓	↓	↓	↓	↓	↓	↓	↓	↓	↓	↓	0 1	1 2	2 3	3 4	5 6	7 8	10 11	14 15	21 22	30 31	44 45	↑	↑	↑	↑
G	32	↓	↓	↓	↓	↓	↓	↓	↓	↓	↓	0 1	1 2	2 3	3 4	5 6	7 8	10 11	14 15	21 22	30 31	44 45	↑	↑	↑	↑	↑
H	50	↓	↓	↓	↓	↓	↓	↓	↓	↓	0 1	1 2	2 3	3 4	5 6	7 8	10 11	14 15	21 22	30 31	44 45	↑	↑	↑	↑	↑	↑
J	80	↓	↓	↓	↓	↓	↓	↓	↓	0 1	1 2	2 3	3 4	5 6	7 8	10 11	14 15	21 22	30 31	44 45	↑	↑	↑	↑	↑	↑	↑
K	125	↓	↓	↓	↓	↓	↓	↓	0 1	1 2	2 3	3 4	5 6	7 8	10 11	14 15	21 22	30 31	44 45	↑	↑	↑	↑	↑	↑	↑	↑
L	200	↓	↓	↓	↓	↓	↓	0 1	1 2	2 3	3 4	5 6	7 8	10 11	14 15	21 22	30 31	44 45	↑	↑	↑	↑	↑	↑	↑	↑	↑
M	315	↓	↓	↓	↓	↓	0 1	1 2	2 3	3 4	5 6	7 8	10 11	14 15	21 22	30 31	44 45	↑	↑	↑	↑	↑	↑	↑	↑	↑	↑
N	500	↓	↓	↓	↓	0 1	1 2	2 3	3 4	5 6	7 8	10 11	14 15	21 22	30 31	44 45	↑	↑	↑	↑	↑	↑	↑	↑	↑	↑	↑
P	800	↓	↓	↓	0 1	1 2	2 3	3 4	5 6	7 8	10 11	14 15	21 22	30 31	44 45	↑	↑	↑	↑	↑	↑	↑	↑	↑	↑	↑	↑
Q	1 250	↓	↓	0 1	1 2	2 3	3 4	5 6	7 8	10 11	14 15	21 22	30 31	44 45	↑	↑	↑	↑	↑	↑	↑	↑	↑	↑	↑	↑	↑
R	2 000	↓	0 1	1 2	2 3	3 4	5 6	7 8	10 11	14 15	21 22	30 31	44 45	↑	↑	↑	↑	↑	↑	↑	↑	↑	↑	↑	↑	↑	↑

Tabla 2-B — Planes de muestreo simple para la inspección estricta (Tabla principal)

Letra código del tamaño de muestra	Tamaño de la muestra	Límite aceptable de calidad, AQL, en porcentaje de ítems no-conformes y no conformidades por 100 ítems (inspección normal)																									
		0,010	0,015	0,025	0,040	0,065	0,10	0,15	0,25	0,40	0,65	1,0	1,5	2,5	4,0	6,5	10	15	25	40	65	100	150	250	400	650	1000
		Ac Re	Ac Re	Ac Re	Ac Re	Ac Re	Ac Re	Ac Re	Ac Re	Ac Re	Ac Re	Ac Re	Ac Re	Ac Re	Ac Re	Ac Re	Ac Re	Ac Re	Ac Re	Ac Re	Ac Re	Ac Re	Ac Re	Ac Re	Ac Re	Ac Re	Ac Re
A	2	↓	↓	↓	↓	↓	↓	↓	↓	↓	↓	↓	↓	↓	↓	↓	0 1	↓	↓	1 2	2 3	3 4	5 6	7 8	10 11	14 15	21 22
B	3	↓	↓	↓	↓	↓	↓	↓	↓	↓	↓	↓	↓	↓	↓	0 1	↓	↓	1 2	2 3	3 4	5 6	8 9	12 13	18 19	27 28	41 42
C	5	↓	↓	↓	↓	↓	↓	↓	↓	↓	↓	↓	↓	↓	0 1	↓	↓	1 2	2 3	3 4	5 6	8 9	12 13	18 19	27 28	41 42	↑
D	8	↓	↓	↓	↓	↓	↓	↓	↓	↓	↓	↓	↓	0 1	↓	↓	1 2	2 3	3 4	5 6	8 9	12 13	18 19	27 28	41 42	↑	↑
E	13	↓	↓	↓	↓	↓	↓	↓	↓	↓	↓	↓	0 1	↓	↓	1 2	2 3	3 4	5 6	8 9	12 13	18 19	27 28	41 42	↑	↑	↑
F	20	↓	↓	↓	↓	↓	↓	↓	↓	↓	↓	0 1	↓	↓	1 2	2 3	3 4	5 6	8 9	12 13	18 19	↑	↑	↑	↑	↑	↑
G	32	↓	↓	↓	↓	↓	↓	↓	↓	↓	0 1	↓	↓	1 2	2 3	3 4	5 6	8 9	12 13	18 19	↑	↑	↑	↑	↑	↑	↑
H	50	↓	↓	↓	↓	↓	↓	↓	↓	0 1	↓	↓	1 2	2 3	3 4	5 6	8 9	12 13	18 19	↑	↑	↑	↑	↑	↑	↑	↑
J	80	↓	↓	↓	↓	↓	↓	↓	0 1	↓	↓	1 2	2 3	3 4	5 6	8 9	12 13	18 19	↑	↑	↑	↑	↑	↑	↑	↑	↑
K	125	↓	↓	↓	↓	↓	↓	0 1	↓	↓	1 2	2 3	3 4	5 6	8 9	12 13	18 19	↑	↑	↑	↑	↑	↑	↑	↑	↑	↑
L	200	↓	↓	↓	↓	↓	0 1	↓	↓	1 2	2 3	3 4	5 6	8 9	12 13	18 19	↑	↑	↑	↑	↑	↑	↑	↑	↑	↑	↑
M	315	↓	↓	↓	↓	0 1	↓	↓	1 2	2 3	3 4	5 6	8 9	12 13	18 19	↑	↑	↑	↑	↑	↑	↑	↑	↑	↑	↑	↑
N	500	↓	↓	↓	0 1	↓	↓	1 2	2 3	3 4	5 6	8 9	12 13	18 19	↑	↑	↑	↑	↑	↑	↑	↑	↑	↑	↑	↑	↑
P	800	↓	↓	0 1	↓	↓	1 2	2 3	3 4	5 6	8 9	12 13	18 19	↑	↑	↑	↑	↑	↑	↑	↑	↑	↑	↑	↑	↑	↑
Q	1 250	↓	0 1	↓	↓	1 2	2 3	3 4	5 6	8 9	12 13	18 19	↑	↑	↑	↑	↑	↑	↑	↑	↑	↑	↑	↑	↑	↑	↑
R	2 000	0 1	↑	↓	1 2	2 3	3 4	5 6	8 9	12 13	18 19	↑	↑	↑	↑	↑	↑	↑	↑	↑	↑	↑	↑	↑	↑	↑	↑
S	3 150			1 2																							

Tabla 2-C — Planes de muestreo simple para la inspección reducida (Tabla principal)

Límite aceptable de calidad, AQL, en porcentaje de ítems no-conformes y no conformidades por 100 ítems (inspección normal). Cada columna indica los valores **Ac Re**. Los símbolos ↓ y ↑ representan las flechas: ↓ = utilícese el primer plan de muestreo debajo de la flecha; ↑ = utilícese el primer plan de muestreo arriba de la flecha.

Letra	Tamaño de la muestra	0.010	0.015	0.025	0.040	0.065	0.10	0.15	0.25	0.40	0.65	1.0	1.5	2.5	4.0	6.5	10	15	25	40	65	100	150	250	400	650	1000
A	2	↓	↓	↓	↓	↓	↓	↓	↓	↓	↓	↓	↓	↓	↓	0 1	↑	↑	1 2	2 3	3 4	5 6	7 8	10 11	14 15	21 22	30 31
B	2	↓	↓	↓	↓	↓	↓	↓	↓	↓	↓	↓	↓	↓	0 1	↑	↑	1 2	2 3	3 4	5 6	7 8	10 11	14 15	21 22	30 31	44 45
C	2	↓	↓	↓	↓	↓	↓	↓	↓	↓	↓	↓	↓	0 1	↑	↑	1 2	2 3	3 4	5 6	7 8	10 11	14 15	21 22	30 31	44 45	↑
D	3	↓	↓	↓	↓	↓	↓	↓	↓	↓	↓	↓	0 1	↑	↑	1 2	2 3	3 4	5 6	7 8	10 11	14 15	21 22	30 31	44 45	↑	↑
E	5	↓	↓	↓	↓	↓	↓	↓	↓	↓	↓	0 1	↑	↑	1 2	2 3	3 4	5 6	7 8	10 11	14 15	21 22	30 31	44 45	↑	↑	↑
F	8	↓	↓	↓	↓	↓	↓	↓	↓	↓	0 1	↑	↑	1 2	2 3	3 4	5 6	7 8	10 11	14 15	21 22	30 31	44 45	↑	↑	↑	↑
G	13	↓	↓	↓	↓	↓	↓	↓	↓	0 1	↑	↑	1 2	2 3	3 4	5 6	7 8	10 11	14 15	21 22	30 31	44 45	↑	↑	↑	↑	↑
H	20	↓	↓	↓	↓	↓	↓	↓	0 1	↑	↑	1 2	2 3	3 4	5 6	7 8	10 11	14 15	21 22	30 31	44 45	↑	↑	↑	↑	↑	↑
J	32	↓	↓	↓	↓	↓	↓	0 1	↑	↑	1 2	2 3	3 4	5 6	7 8	10 11	14 15	21 22	30 31	44 45	↑	↑	↑	↑	↑	↑	↑
K	50	↓	↓	↓	↓	↓	0 1	↑	↑	1 2	2 3	3 4	5 6	7 8	10 11	14 15	21 22	30 31	44 45	↑	↑	↑	↑	↑	↑	↑	↑
L	80	↓	↓	↓	↓	0 1	↑	↑	1 2	2 3	3 4	5 6	7 8	10 11	14 15	21 22	30 31	44 45	↑	↑	↑	↑	↑	↑	↑	↑	↑
M	125	↓	↓	↓	0 1	↑	↑	1 2	2 3	3 4	5 6	7 8	10 11	14 15	21 22	30 31	44 45	↑	↑	↑	↑	↑	↑	↑	↑	↑	↑
N	200	↓	↓	0 1	↑	↑	1 2	2 3	3 4	5 6	7 8	10 11	14 15	21 22	30 31	44 45	↑	↑	↑	↑	↑	↑	↑	↑	↑	↑	↑
P	315	↓	0 1	↑	↑	1 2	2 3	3 4	5 6	7 8	10 11	14 15	21 22	30 31	44 45	↑	↑	↑	↑	↑	↑	↑	↑	↑	↑	↑	↑
Q	500	0 1	↑	↑	1 2	2 3	3 4	5 6	7 8	10 11	14 15	21 22	30 31	44 45	↑	↑	↑	↑	↑	↑	↑	↑	↑	↑	↑	↑	↑
R	800	↑	↑	1 2	2 3	3 4	5 6	7 8	10 11	14 15	21 22	30 31	44 45	↑	↑	↑	↑	↑	↑	↑	↑	↑	↑	↑	↑	↑	↑

▆▆▆▆ Ejemplo: Inspección de un lote de cartografía

Supongamos que se ha recibido un lote de cartografía impresa de 7.500 unidades. Los defectos a inspeccionar son:

1. Corte y plegado incorrecto: Nivel de inspección II, NCA = 0,25%.
2. Papel dañado o rasgado: Nivel de inspección II, NCA = 0,40%.
3. Papel con arrugas o pliegues: Nivel de inspección II, NCA = 0,65%.

Procedimiento paso a paso

1. Determinación del tamaño de la muestra: Según la norma, para un lote de 7.500 unidades y un nivel de inspección II, se obtiene un tamaño de muestra de 80 unidades.
2. Establecimiento de los criterios de aceptación y rechazo: Consultando las tablas de la norma, se determina que:
   • Para un NCA del 0,25%, el número de aceptación es 1 y el de rechazo es 2.
   • Para un NCA del 0,40%, el número de aceptación es 2 y el de rechazo es 3.
   • Para un NCA del 0,65%, el número de aceptación es 3 y el de rechazo es 4.
3. Inspección y decisión: Se inspeccionan las 80 unidades y se registran los defectos encontrados. Si el número de defectuosos se encuentra por debajo del límite de aceptación, el lote se acepta; de lo contrario, se rechaza.

I.8. Ventajas de los planes de muestreo

- Eficiencia: Permite asegurar la calidad sin inspeccionar el 100% de las unidades.
- Reducción de costes: Disminuye los costes asociados a la inspección total.
- Flexibilidad: Se pueden ajustar los niveles de inspección según el contexto.

I.9. Conclusión

Los planes de muestreo representan una metodología eficaz y eficiente para el control de calidad en procesos productivos. Al equilibrar el coste de la inspección con el riesgo asumido, permiten garantizar la satisfacción del cliente y la reputación del proveedor.

Este capítulo ha presentado una guía detallada sobre los elementos clave de los planes de muestreo y su aplicación práctica, proporcionando una base sólida para su implementación en diferentes ámbitos industriales.

La inclusión de ejemplos concretos y situaciones reales refuerza la comprensión y utilidad de este enfoque, adaptándolo a una amplia gama de sectores.

Capítulo 2.

Costes de un sistema de diagnosis

La diagnosis o control se efectúa generalmente contrastando unas características de calidad con sus especificaciones correspondientes. Los procesos se diagnostican cada n unidades (en el sector editorial podría ser cada n pliegos).

2.1. Tipos de costes

Para determinar los aspectos económicos de un sistema de diagnosis, debemos tener presente los costes que intervienen en dicho sistema:

2.1.1. Costes de diagnosis = A

Estos costes integran, entre otros conceptos, los siguientes:

- Tiempo de diagnosis
- Mano de obra
- Amortización de equipos de inspección (densitómetros, colorímetros, etc.)
- Impresos
- Consumo energético
- Etc.

2.1.2. Costes de reajuste = B

Cuando en un proceso se detecta una situación anormal, se procede a su corrección para dejarlo en posición normal. Entre estos costes están:

- Mano de obra
- Materiales, herramientas
- Unidades utilizadas en la prueba
- Tiempo de parada de la máquina o del proceso
- Costes de inspección de productos defectuosos
- Etc.

2.1.3. Costes debido a unidades defectuosas =C

Estos suponen las pérdidas sufridas por unidad defectuosa, comprenden entre otras:

- Materias primas
- Valor añadido
- Insatisfacción

- Reprogramación
- Etc.

Estos tres conceptos están presentes en mayor o menor medida en todos los procesos productivos, incluso en los más perfectos. Para poder desarrollar la valoración económica de estos aspectos cuantificables, debemos convertirlos en unidades homogéneas: euros por unidad producida.

2.2. Cálculo de costes

2.2.1. Coste de diagnosis por unidad producida

Estos costes son constantes y se producen en cada diagnosis que se realiza cada *n* unidades, por lo tanto los costes de diagnosis por unidad son:

$$\frac{A}{n}$$

n = intervalo de diagnosis

2.2.2. Coste de reajuste por unidad producida

Estos costes se consideran constante y en ellos están recogidos aspectos muy dispares: todos los que no tienen cabida en A y C. Generalmente los costes de reajuste se calculan mediante la siguiente fórmula: $B = B' \cdot t + B''$

Siendo:

B' = pérdida producida por hora de paro de máquina

t = tiempo medio en horas, necesario para el reajuste
B" = Costes directos de reajuste, incluyendo tiempo
hombre, materiales, herramientas...

**Estos costes B computan cada vez que se presenta una
diagnosis con resultado anormal**, y esta frecuencia depende de la ocurrencia de problemas de desajuste de la
máquina. Este intervalo de ocurrencia se puede calcular
partiendo de la siguiente consideración:

$$u = \frac{\text{cantidad de unidades producidas en H horas}}{\text{cantidad diagnosis con resultado anormal en H horas}}$$

Por lo tanto este coste C se incurrirá cada u unidades,
por lo que el coste por unidad será:

$$\boxed{\frac{B}{u}}$$

u = intervalo de diagnosis con resultado anormal

2.2.3. Coste debido a unidades defectuosas por unidad producida

Los costes por unidad defectuosa consideran los costes
de chatarra o descarte incluyendo los de materia prima, valor añadido, etc., o, si el producto es recuperable, los costes
necesarios para su reprocesado. **La estimación del valor C
puede basarse en el coste promediado de los productos
defectuosos descartables y recuperables producidos durante un tiempo determinado.** De este modo, si el 40% de
los productos defectuosos es recuperable y el resto es des-
cartable y el coste de recuperación es 4,8 € y el de rechazo
14,5 € el coste C es:

C= 0,40 x 4,8 + 0,6 x 14,5 = 10'62 €

Este coste por unidad defectuosa se convierte a su vez en coste por unidad producida y como quiera que el intervalo de ocurrencia de desajuste de máquina se produce cada u unidades, el coste por unidad producida será:

$$\frac{C}{u}$$

Este coste unitario se multiplica por cada una de las piezas defectuosas producidas entre diagnosis. Como esta cantidad es imposible conocerla con antelación, se determina la ocurrencia media según el siguiente planteamiento: Supongamos que la anterior diagnosis efectuada a un proceso fue correcta y que la actual ha resultado incorrecta. En una instalación, cuando se produce un desajuste, se originan unidades defectuosas continuamente hasta que no se efectúa una corrección de tal situación. Esta acción es consecuencia de la diagnosis correspondiente que identifica tal circunstancia.

En el mejor de los casos, las unidades defectuosas será solamente una y en el peor supuesto serán la totalidad de unidades producidas entre diagnosis n, por lo tanto la media de ambas situaciones será:

$$\frac{n+1}{2}$$

Este resultado corresponde al promedio esperado de unidades defectuosas producidas entre diagnosis, al que hay que añadir las unidades defectuosas producidas desde el momento en que se produjo la unidad defectuosa diagnosticada y la evaluación del resultado de tal diagnosis. Por ejemplo, si la inspección se realiza sólo al final del proceso, cuando se detecte una unidad defectuosa producida por el desajuste del proceso, este habrá tenido lugar mucho antes y, como consecuencia, toda la producción contenida desde el punto donde se produjo el desajuste hasta el de diagnosis estará en las mismas condiciones.

Si, por el contrario, la diagnosis se realiza justo a continuación de la operación productiva, la reacción ante la presencia de unidades defectuosas es inmediata y dependerá únicamente del tiempo que tome la realización de la diagnosis, ya que no se paraliza el proceso para efectuar la inspección.

Si medimos este intervalo en unidades y lo llamamos ℓ, el coste por unidades defectuosas por unidad será:

$$\frac{n+1}{2} + \ell$$

ℓ = intervalo de respuesta, unidades producidas mientras se realiza la diagnosis.

$$\frac{C\left(\frac{n+1}{2}+\ell\right)}{u}$$

2.3. Coste total de un sistema de diagnosis por unidad producida

Determinados ya los tres conceptos, podemos estimar los costes totales de diagnosis por unidad producida:

$$L = \frac{A}{n} + \frac{B}{u} + \frac{C\left(\frac{n+1}{2}+\ell\right)}{u}$$

2.4. Ejemplo

Una máquina de encolar automática es diagnosticada cada 100 libros. La diagnosis consiste en controlar el encolado de un libro y si su evaluación resulta anormal, el proceso se reajusta. Cuando la máquina se desajusta, produce libros defectuosos y todos ellos se descartan. Las pérdidas que supone un sólo libro rechazado son 0,30 €. Una unidad rechazable es aquella que está mal o incompletamente encolada. Los costes de diagnosis son 1 €. Durante la comprobación se producen 30 unidades. Por lo tanto, el intervalo ℓ es de 30 libros.

Los costes de reajuste de máquina cuando está desajustada es de 12 €. tal como ahora se desglosan: cuando la máquina se desajusta se emplean 20 minutos en su puesta a punto, el coste de máquina parada está valorado en 8€/ hora. Una vez la máquina es hallada en situación anormal y por lo tanto produciendo libros defectuosos, se procede a la selección de las n piezas generadas desde la última diagnosis, de acuerdo con el siguiente procedimiento:

Como entre controles se producen 100 libros y el último se ha encontrado defectuoso en la diagnosis, se comprueba el 50 desde la anterior inspección y si resulta correcto, todos los libros anteriores a éste son considerados como buenos, a continuación se comprueba desde el 75 y si es hallado defectuoso, todos los libros desde el 75 al 100 son rechazados. Luego se toma el 63 y se procede del mismo modo y así sucesivamente. Este proceso de selección requiere cinco diagnosis adicionales para clasificar las 100 unidades, por lo tanto el coste de selección será cinco veces el de una diagnosis: 5 x 1 € = 5 €.

Por otra parte, los costes de materiales, herramientas, etc., utilizados en la operación de reajuste de máquina, suponen otros 4,33 € más, así que el coste total de reajuste es:

$$B = \frac{8x20}{60} + (1x5) + 4,33€ = 12€$$

Sabemos que ha habido 16 problemas de desajuste de máquina en los dos últimos meses, mientras que la producción total durante este periodo ha sido 84.000 unidades (1.500 por día).

Toda esta información se resume del siguiente modo:

$A = 1 €$ (coste de diagnosis)

$B = 12 €$ (coste reajuste)

$C = 0,30 €$ (coste unidad defectuosa)

$n = 100$ unidades (intervalo de diagnosis)

$u = 84.000/16 = 5.250$ unidades (intervalo de problema)

$\ell = 30$ unidades (intervalo de respuesta)

Sustituyendo estos valores en la ecuación anterior resulta:

$$L = \frac{1}{100} + \frac{12}{5.250} + \frac{0,30\left(\dfrac{100+1}{2}+30\right)}{5.250} = 0,017 €$$

Los costes de diagnosis y reajuste de esta máquina automática de encolar, suponen 0,017 € por unidad producida.

Si existiera una máquina similar que no presentara problemas de desajuste, no serían necesarias las operaciones de diagnosis y reajuste con lo que el valor de L seria cero. Pero tal máquina no existe y si existiera y su coste financiero supusiese 0,06 € por unidad más que la actual instalación,

el coste por unidad de esta nueva alternativa sería de 0,043
€ más que el coste actual, ya que los ocasionados por la necesidad de diagnosticar y reajustar la máquina serían cero.

Puede sorprender que la diferencia entre la máquina
actual y la perfecta sea solamente de 0,043 € cuando la
nuestra sufre ocho paros al mes por problemas de calidad
y la perfecta, si existiera, ninguno.

Sin embargo si el procedimiento de diagnosis fuera más
irracional entonces la diferencia en estos costes sería mucho más grande. Por ejemplo, podría pensarse que ya que
la máquina tiene un problema aproximadamente cada tres
días, podríamos considerar un intervalo de diagnosis de
$n=1500$ unidades, es decir una diagnosis por día.

Con este nuevo planteamiento, los costes L serían:

$$L = \frac{1}{1.500} + \frac{12}{5.250} + \frac{0,30\ (\ \frac{1.500+1}{2} +30\ )}{5.250} = 0,0475\ €$$

Esto ocasionaría un incremento en el coste de 0'0475-
0'017 = 0'031 € por unidad producida, al pasar de un intervalo entre diagnosis de $n = 100$ a uno más dilatado $n =$
1.500. Este encarecimiento nos llevaría a un total de 1302 €
más por mes y sería debido a una diagnosis deficiente. Por
otra parte, si el intervalo entre diagnosis fuera solamente
de $n = 50$, entonces los costes serían:

$$L = \frac{1}{50} + \frac{12}{5.250} + \frac{0,30\ (\ \frac{50+1}{2} +30)}{5.250} = 0,026\ €$$

En este caso el coste se incrementa por un exceso de
diagnosis. Los costes aumentan 0'009 € por unidad producida Entonces ¿cómo determinar el intervalo óptimo
entre diagnosis?

2.5. Intervalo óptimo entre diagnosis

El proceso de producción, el método de diagnosis y el método de ajuste son los tres elementos requeridos para diseñar un sistema de control de calidad en producción.

Los parámetros del coste de diagnosis A y el intervalo de respuesta ℓ vienen dados por el método de diagnosis. Finalmente el procedimiento de reajuste o reacondicionamiento del proceso cuando se detecta una anormalidad determinan el coste de ajuste B.

El proceso de producción facilita los parámetros C, costes ocasionados al producir piezas defectuosas y u el intervalo medio de ocurrencia de problemas durante la producción. Por lo tanto, estos tres elementos expresados en sus parámetros correspondientes, constituyen todo cuanto se necesita para diseñar un sistema de control de calidad para la producción.

El intervalo entre diagnosis n depende de estos tres elementos. Decidir n es una tarea por lo tanto que no depende de una actividad única, sino más bien, es una técnica que requiere la participación de varios departamentos. El problema del control de calidad en producción es minimizar su coste resultante L.

El intervalo de diagnosis óptimo se obtiene a través de la siguiente fórmula:

$$n = \sqrt{\frac{2\,(u+\ell)\,A}{C - \dfrac{B}{u}}}$$

▰▰▰ Resultado final

En el caso de nuestra máquina automática de encolar, el intervalo óptimo sería:

$$n = \sqrt{\dfrac{2(5.250+30)1}{0,30 - \dfrac{12}{5.250}}} = 188$$

Y en consecuencia, los costes L serían:

$$L = \dfrac{1}{188} + \dfrac{12}{5.250} + \dfrac{0,30 \left(\dfrac{188+1}{2} +30 \right)}{5.250} = 0,014 \text{ €}$$

Por tanto, pasando de $n= 100$ a $n = 188$, los costes se reducen $0,017-0,014 = 0,003$ € por unidad producida.

En el supuesto que se produzcan 42.000 libros al mes, el ahorro mensual sería:

Para $n= 100$; L=0,017; 42.000x0,017=714 €/mes

Para $n= 188$; L=0,014; 42.000x0,014=588 €/mes

714-588= 126 € menos al més

o:

0,003 X 42.000 = 126 € menos al més

Capítulo 3.

Previsiones: herramientas para la toma de decisiones

3.1. Introducción

Todos los días, directivos en editoriales como Planeta toman decisiones sin saber lo que ocurrirá en el futuro. Hacen pedidos a las imprentas sin conocer las ventas que tendrán, compran nuevos equipos o contratan personal a pesar de la incertidumbre sobre la demanda futura. Los directivos están siempre intentando hacer las mejores estimaciones de lo que ocurrirá en los próximos días, meses, años o décadas. El principal objetivo de la previsión es hacer estimaciones lo más precisas posibles.

3.1.1. ¿Qué es la previsión?

¿Mañana lloverá?

La **previsión** es el arte y la ciencia de predecir acontecimientos futuros. Supone la recopilación de datos históricos y su proyección hacia el futuro con algún tipo de modelo matemático. Puede ser una predicción subjetiva o intuitiva del futuro, o puede englobar una combinación de éstas; es decir, un modelo matemático ajustado por las buenas opiniones del directivo.

Al ir conociendo las diferentes técnicas de previsión veremos que raramente existe un único método óptimo. Lo que funciona a la perfección para una empresa bajo una serie de condiciones podría resultar desastroso en otra empresa, e incluso en otro departamento dentro de la misma empresa. Además, veremos que existen límites a lo que se puede esperar de las previsiones. Raramente son perfectas, por no decir nunca, y además son costosas y lentas de preparar y controlar.

De cualquier forma, pocos negocios pueden permitirse evitar el proceso de previsión y limitarse a esperar a ver lo que ocurre para tomar decisiones. Una planificación eficaz, tanto a corto como a largo plazo, se basa en la previsión de la demanda de los productos o servicios que ofrece la empresa.

3.1.2. Horizontes temporales de la previsión

Las previsiones se clasifican normalmente según el horizonte de tiempo futuro que abarcan. Hay tres tipos de horizontes temporales:

1. Previsión **a corto plazo**. De 0 a 3 meses. Aunque puede tener un periodo de cobertura de hasta un año,

generalmente es inferior a los tres meses. Se utiliza para la planificación de compras, programación de trabajos, necesidades de mano de obra, asignación de tareas o planificación de los niveles de producción.

2. Previsión **a medio plazo**. De 3 meses a 3 años. Una previsión a medio plazo, o intermedia, abarca generalmente entre tres meses y tres años. Es útil para la planificación de las ventas, planificación de la producción y de su presupuesto, planificación de caja, así como para el análisis de diferentes planes operativos.

3. Previsiones **a largo plazo**. Más de 3 años. Generalmente abarcan periodos de tres años o más, y se utilizan en la planificación de nuevos productos, gastos de capital, localización o expansión de instalaciones e investigación y desarrollo.

Las previsiones a medio y largo plazo se distinguen de las previsiones a corto plazo por tres características:

1. En primer lugar, las previsiones a medio y largo plazo tratan de cuestiones más globales, y sirven de base a las decisiones de gestión referentes a planificación y productos, plantas y procesos. La implementación de decisiones relativas a instalaciones, como la decisión de Santillana de abrir una nueva filial en Brasil, puede llevar de principio a fin entre 5 y 8 años.

2. En segundo lugar, las previsiones a corto plazo normalmente emplean metodologías diferentes a las utilizadas en las previsiones a largo plazo. Las técnicas matemáticas, como las de **medias móviles, alisado exponencial** y **extrapolación de tendencia** (las cuales se examinarán en los siguientes apartados), son comunes en las proyecciones a corto plazo. Los métodos más generales y menos cuantitativos son de utilidad en la predicción de temas tales como si debería introducirse una nueva colección (por ejemplo, una

sobre desarrollo sostenible) en la línea de productos de una editorial.

3. Por último, las previsiones a corto plazo tienden a ser más exactas que las realizadas a largo plazo, ya que los factores que influyen sobre la demanda cambian a diario. Por consiguiente, al aumentar el horizonte temporal, es probable que aumente la incertidumbre de la previsión. Ni que decir tiene que es necesario actualizar regularmente las previsiones de ventas para conservar su valor e integridad. Tras cada temporada de ventas, es necesario examinar y ajustar las previsiones.

3.1.3. La influencia del ciclo de vida del producto

Otro factor que hay que tener en cuenta cuando se desarrollan previsiones de ventas, especialmente a largo plazo, es el ciclo de vida del producto. Los productos, e incluso los servicios, no se venden al mismo ritmo a lo largo de toda su vida. La mayoría de los productos de éxito pasan por cuatro etapas: (1) introducción, (2) crecimiento, (3) madurez, (4a) declive y (4b) hipermadurez (Polo, M., 2011, p. 29)

Los productos situados en las dos primeras etapas del ciclo de vida (como la realidad aumentada y los audiolibros) necesitan previsiones más largas que los que están en las etapas de madurez y declive (como los libros de autoayuda y los diccionarios). Las previsiones que reflejan el ciclo de vida son útiles para proyectar diferentes niveles de personal, de inventarios y de capacidad de producción requeridos mientras el producto pasa de la primera a la última etapa.

3.2. Tipos de previsiones

Las organizaciones utilizan principalmente tres tipos de previsiones en la planificación del futuro de sus operaciones:

Previsiones económicas. Tratan del ciclo económico, prediciendo las tasas de inflación, masa monetaria, construcción de primeras viviendas y otros indicadores económicos.

Previsiones sobre la tecnología. Referentes al ritmo del progreso tecnológico, que puede dar como resultado el nacimiento de interesantes productos, requiriendo nuevas fábricas y equipos.

Previsiones de la demanda. Son estimaciones de la demanda de los productos o servicios de una empresa. Estas previsiones, también denominadas previsiones de ventas, determinan los sistemas de producción de las empresas, su capacidad y su planificación, y sirven como input para la planificación financiera, de marketing y de personal.

3.3. La importancia estratégica de la previsión

Las buenas previsiones son de gran importancia en todos los aspectos de un negocio: las previsiones de la demanda determinan las decisiones en muchas áreas. Veamos el impacto de esta previsión en tres actividades: (1) recursos humanos, (2) capacidad y (3) gestión de la cadena de suministro.

3.3.1. Recursos humanos

La contratación, formación y despido de los trabajadores dependen de la demanda esperada. Si el departamento de recursos humanos debe contratar a nuevos trabajadores sin previo aviso, la cantidad de formación disminuye, y la calidad de la plantilla sufre. Una rápida expansión puede suponer un fracaso total en la gestión y control de calidad que acabe provocando la perdida de clientes.

3.3.2. Capacidad

Cuando la capacidad de producción es insuficiente, el déficit resultante puede traducirse en incumplimientos en las entregas, pérdida de clientes y pérdida de cuota de mercado. Esto es exactamente lo que ocurrió con Publidisa, la imprenta líder en España en los inicios de la impresión bajo demanda, cuando subestimó el enorme crecimiento de esta tecnología. Ni siquiera con las líneas de producción trabajando horas extras pudo satisfacer la demanda y perdió clientes. Al contrario, cuando se tiene exceso de capacidad, los costes pueden dispararse.

3.3.3. Gestión de la cadena de suministros

Las buenas relaciones con los suministradores y las ventajas consiguientes de precio para materiales y componentes dependen de la exactitud en las previsiones. Por ejemplo, Mercadona prestó 2.100 millones a sus proveedores para hacer frente a la pandemia: el gigante alimentario extendió líneas de crédito **confirming** a varias de las empresas que nutren sus supermercados con tal de garantizar el abastecimiento[1].

3.4. Etapas en el sistema de previsión

Para hacer previsiones se siguen siete etapas básicas. Como ejemplo para cada etapa, vamos a utilizar al Grupo Planeta.

1. **Determinar el uso de la previsión.** El Grupo Planeta utiliza previsiones de la demanda para definir los niveles de producción en cada uno de sus más de 70 sellos editoriales.

2. **Seleccionar los artículos para los que se va a realizar la previsión.** Grupo Planeta edita cada año más de 2.500 novedades, cada una con su propio código de stock SKU (*stock keeping unit* / unidad de mantenimiento de existencias). Grupo Planeta, como otras empresas de este tipo, hace pronósticos de demanda por colecciones (o grupos) de SKU.

3. **Definir el horizonte temporal de la previsión.** ¿Es a corto, medio, o a largo plazo? Grupo Planeta realiza previsiones mensualmente, trimestralmente y anualmente para sus proyecciones de ventas.

4. **Seleccionar el modelo o los modelos de previsión.** Grupo Planeta utiliza diferentes modelos estadísticos de los que trataremos más adelante, entre los que se incluyen medias móviles, alisado exponencial y análisis de regresión. También se emplean modelos de juicios de opinión o no cuantitativos.

---

1   https://www.economiadigital.es/valencia/empresas/mercadona-presto-2-100-millones-a-sus-proveedores-para-hacer-frente-a-la-pandemia.html

5. **Recopilación de los datos necesarios para hacer la previsión.** La sede central de Grupo Planeta tiene enormes bases de datos para controlar la venta de cada producto.

6. **Realizar la previsión.**

7. **Validar e implementar los resultados.** En Grupo Planeta, las previsiones se revisan en los departamentos de ventas, marketing, finanzas y producción, para asegurarse de que modelo, hipótesis y datos son válidos. Se aplican medidas de error de previsión y, finalmente, se utilizan las previsiones para aprovisionar materiales, programar los trabajos y planificar los equipos y personal en cada fábrica.

Estas siete etapas presentan un procedimiento sistemático para iniciar, diseñar e implementar un sistema de previsiones. Cuando el sistema se va a utilizar para generar previsiones con regularidad a lo largo del tiempo, los datos deben recopilarse de forma rutinaria. En este caso, los cálculos reales se hacen con computadora.

Cualquiera que sea el sistema que utilicen empresas como Grupo Planeta, cada compañía tiene que hacer frente a diversas realidades:

1. Las previsiones rara vez son perfectas. Esto significa que hay factores externos que no se pueden predecir o controlar y que suelen incidir en la previsión. Las empresas necesitan tener en cuenta esta realidad.

2. La mayoría de las técnicas de previsión suponen que el sistema tiene inherente cierta estabilidad. Por consiguiente, algunas empresas automatizan sus predicciones utilizando software de previsiones, y entonces controlan estrechamente sólo los productos cuya demanda es errática.

3. Tanto las previsiones de familia de productos como las agregadas son más precisas que las previsiones de

productos individuales. Por ejemplo, Grupo Planeta agrupa las previsiones de productos en colecciones. Este enfoque ayuda a equilibrar las predicciones por exceso o defecto de cada producto y país.

3.5. Enfoques de la previsión

Existen dos enfoques generales de las previsiones, de la misma forma que existen dos formas de abordar todas las decisiones. Uno es el análisis cuantitativo y otro el análisis cualitativo.

Las **previsiones cuantitativas** emplean diferentes modelos matemáticos que utilizan datos históricos y/o variables causales para prever la demanda.

Las **previsiones cualitativas**, o subjetivas, incorporan factores tales como la intuición de la persona que toma las decisiones, sus emociones, experiencias personales y sistemas de valores para realizar la previsión. Algunas empresas utilizan un enfoque, mientras que otras utilizan el otro. En la práctica, lo más eficaz suele ser una combinación de los dos estilos.

3.5.1. Los métodos cualitativos

Las previsiones cualitativas incorporan factores tales como la intuición de la persona que toma las decisiones, emociones, experiencias personales, y sistemas de valores.

Jurado de opinión ejecutiva. En este método se agrupan las opiniones de un grupo de directivos o expertos de alto nivel, a menudo en combinación con modelos estadísticos, para llegar a una estimación conjunta de la demanda. Por ejemplo, el premio Planeta recurre a reconocidos profesores de literatura, novelistas y una editora como su jurado de opinión ejecutiva[2].

Método Delphi. El método Delphi se basa en la suposición de que los juicios en grupo son más válidos que los juicios individuales.

En su origen se empleó para la prospección de carreras de caballos y evolucionó hasta usarse en la fuerza militar. Este método data desde finales de los años 40 cuando Norman Dalkey y Olaf Helmer lo aplicaron por primera vez. El nombre de Delphi lo acuñó Abraham Kaplan, quien pensaba que el consenso era un poderoso impulsor de mejores decisiones.[3]

Existen tres tipos diferentes de participantes en el método Delphi: los que toman las decisiones, el personal de soporte y los encuestados. Los que toman las decisiones suelen ser un grupo de 5 o 10 expertos que realizan en realidad la previsión. El personal de soporte ayuda a los que toman decisiones preparando, distribuyendo, recopilando y resumiendo una serie de cuestionarios, y repasando los resultados. Los encuestados son un grupo de personas, a menudo ubicadas en diferentes lugares, cuyas opiniones son apreciadas. Este grupo proporciona inputs a los tomadores de decisiones antes de elaborar la previsión.

El Estado de Alaska, por ejemplo, ha empleado el método Delphi para desarrollar sus previsiones económicas a largo plazo. Increíblemente, el 90% del presupuesto del Estado proviene de los 1,5 millones de barriles de petróleo bombeados diariamente a través de un oleoducto en la bahía de Prudhoe. El gran panel de expertos de Delphi debía representar a todos los grupos y opiniones en el Estado y a todas las áreas geográficas. Delphi fue la herramienta perfecta de previsión, porque se pudieron evitar los problemas derivados del traslado del grupo de opinión. Esto significó,

---

2   http://www.premioplaneta.es/edicion/proxima.html

3   https://blog.hubspot.es/sales/metodo-delphi

además, que las principales personas de Alaska también pudieron participar, porque sus agendas personales no se vieron afectadas por reuniones y distancias.

Propuesta del personal de ventas. En este método cada vendedor estima las ventas que habrá en su zona. Estas previsiones se revisan posteriormente para asegurarse de que son realistas. A continuación se combinan a nivel de distritos y de nación para obtener una previsión global. En Lexus se aplica este sistema con una variación, ya que cada trimestre los concesionarios de Lexus organizan una "reunión con fabricación". En esta reunión hablan de lo que se está vendiendo, con qué colores y con qué opciones, para que la fábrica sepa qué es lo que tiene que fabricar[4].

Estudio de mercado. En este método se solicitan opiniones a los consumidores o clientes potenciales en lo referente a sus planes de compra futuros. Puede ser útil no solo a la hora de preparar una previsión, sino también para mejorar el diseño de un producto y planificar nuevos productos. Los métodos de estudio de mercado de consumidores y de propuesta del personal de ventas pueden, sin embargo, ofrecer una previsión excesivamente optimista dada la información transmitida por el consumidor. La caída de la industria de las telecomunicaciones en 2001 fue el resultado de una expansión excesiva para satisfacer la "explosiva demanda de los consumidores". ¿De dónde salieron estos datos? Oplink Communications, un proveedor de Nortel Networks, afirma que las "previsiones de su empresa durante los últimos años se basaban fundamentalmente en conversaciones informales con los consumidores"[5].

---

4   Jonathan Fahey, "The Lexus Nexus", *Forbes* (21 de junio de 2004), 68-70.

5   "Lousy Sales Forecast Helped Fuel the Telecom Mess", *The Wall Street Journal* (9 de julio de 200), B1-B4.

3.5.2. Los métodos cuantitativos

En este apartado se describen cinco métodos de previsión cuantitativos; todos ellos utilizan datos históricos. Estos métodos se pueden agrupar en dos categorías:

Modelos de series temporales

1. Enfoque simple
2. Medias móviles simple y ponderada
3. Alisado exponencial
4. Proyección de tendencia

Modelos asociativos (o casuales)

5. Regresión lineal

Modelos de series temporales. Los modelos de series temporales predicen partiendo de la premisa de que el futuro es una función del pasado. En otras palabras, observan lo que ha ocurrido a lo largo de un periodo de tiempo y utilizan una serie de datos pasados para realizar una previsión. Si se están prediciendo las ventas semanales de cortacéspedes, se utilizarán las ventas de cortacéspedes en las semanas anteriores para hacer las previsiones.

Modelos causales. Los modelos causales (o asociativos), tales como la regresión lineal, incorporan variables o factores que pueden influir en la cantidad que se va a predecir. Por ejemplo, un modelo causal para las ventas de cortacéspedes podría incluir factores tales como el número de viviendas nuevas comenzadas a construir, el presupuesto de publicidad y los precios de la competencia.

3.6. Previsión de series temporales

Una serie temporal está basada en una secuencia de datos uniformemente espaciados (semanalmente, mensualmente, trimestralmente, etcétera). Por ejemplo, las ventas semanales de la revista Cosmopolitan, los informes trimestrales de resultados de Penguin Random House, los envíos diarios del periódico El País o el índice de precios al consumo. La previsión de series temporales de datos implica que los valores futuros son predichos únicamente a partir de los valores pasados, y que se desestiman otras variables, sin importar cuál sea el valor potencial que puedan tener.

3.6.1. Descomposición de una serie temporal

El análisis de las series temporales implica desglosar los datos pasados en cuatro componentes: tendencia, estacionalidad, ciclos y variación irregular o aleatoria.

1. **Tendencia.** Es el movimiento gradual de subida o bajada de los valores de los datos a lo largo del tiempo. Cambios en los ingresos, la población, la distribución por edades o los gustos culturales pueden explicar movimientos en la tendencia.

2. **Estacionalidad.** Es un patrón de variabilidad de los datos que se repite cada cierto número de días, semanas, meses o trimestres. Existen seis patrones de estacionalidad:

Periodo del patrón	Duración de la "estación"	Número de "estaciones" en el patrón
Semana	Día	7
Mes	Semana	4-4½
Mes	Día	28-31
Año	Trimestre	4
Año	Mes	12
Año	Semana	52

Los restaurantes y las peluquerías, por ejemplo, tienen patrones semanales, siendo el sábado el día de mayor negocio. Los distribuidores de cerveza pronostican con patrones anuales y con "estaciones" mensuales. En Estados Unidos hay tres "estaciones" (mayo, julio y septiembre) en las que hay una gran fiesta en la que se bebe cerveza.

3. **Ciclos.** Son patrones en los datos que ocurren cada cierto número de años. Normalmente están relacionados con los ciclos económicos, y son de gran importancia en el análisis y planificación de los negocios a corto plazo. Es difícil predecir los ciclos de los negocios porque se pueden ver afectados por acontecimientos políticos o por conflictos internacionales.

4. **Variaciones irregulares o aleatorias.** Son "irregularidades" en los datos causados por el azar y situaciones inusuales. No siguen ningún patrón perceptible, por lo que no se pueden predecir.

3.6.2. Enfoque simple

El sistema de previsión más sencillo es suponer que la demanda en el próximo periodo será igual a la demanda del periodo anterior. En otras palabras, si las ventas de un producto (como, por ejemplo, cartulina gráfica Chromocard de 300 gr.) fueron de 680 resmas en el mes de enero, se puede prever que las ventas en el mes de febrero serán también de 680 resmas.

¿Tiene sentido esta forma de actuar? Resulta que para algunas líneas de productos, este **enfoque simple** es el modelo de previsión con la mejor relación eficacia-coste y eficiencia en la consecución de los objetivos de la previsión. Al menos, sirve de punto de partida para poder comparar con los modelos de previsión más sofisticados que se presentan a continuación.

La Figura 1 muestra una demanda durante un periodo de cuatro anos. Muestra la media, la tendencia, los componentes estacionales y las variaciones aleatorias alrededor de la curva de demanda. La demanda media es la suma de la demanda de cada periodo dividido por el número de periodos de datos.

Figura 1

Demanda de un producto durante cuatro años, señalando una tendencia en crecimiento y la estacionalidad

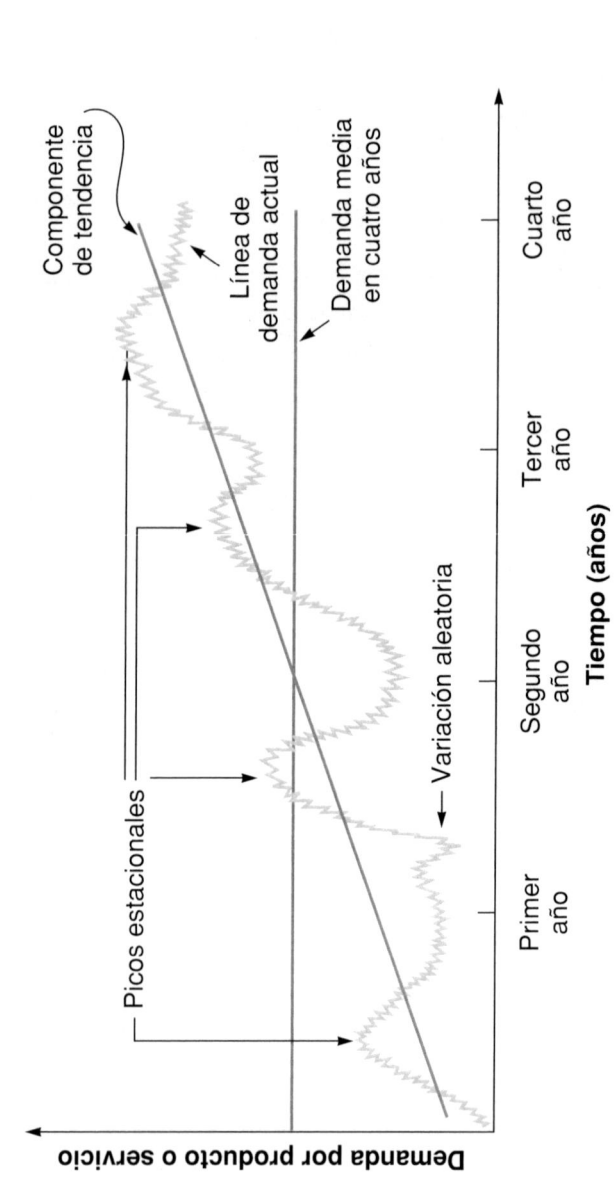

3.6.3. Media móvil

La previsión con **medias móviles** utiliza un grupo de valores recientes de los datos para realizar una previsión. Las medias móviles son útiles **si se puede suponer que las demandas del mercado serán bastante estables a lo largo del tiempo.**

3.6.3.1. Media móvil simple

Para calcular la media móvil simple de cuatro meses basta con sumar la demanda de los cuatro últimos meses y dividirla por 4. Con cada mes que pasa, se añade el nuevo valor a la suma de los tres meses previos, y se elimina la estimación del mes más antiguo. Este modelo tiende a suavizar las irregularidades a corto plazo en las series de datos. Matemáticamente, la media móvil simple (que sirve como una estimación de la demanda del siguiente periodo) se expresa como:

$$\text{Media móvil simple} = \frac{\Sigma \text{ demanda de } n \text{ periodos anteriores}}{n}$$

donde n es el número de periodos en la media móvil (por ejemplo 4, 5 o 6 meses), para medias móviles de 4, 5 o 6 periodos, respectivamente.

Vamos a aplicar esta técnica en el siguiente supuesto: La editorial de la revista "Fotogramas" tiene cifras de ventas detalladas por puntos de venta (librerías, kioskos, grandes superficies, etc). La siguiente tabla presenta las ventas en el kiosko de la parada de metro de Ruzafa. En la columna central de la tabla se muestran las ventas reales. En la columna de la derecha aparece la media móvil de tres meses.

Ejemplo I.

Cálculo de la media móvil simple

Mes	Ventas reales de "Fotogramas"	Media móvil de tres meses
Enero	10	
Febrero	12	
Marzo	13	
Abril	16	$(10 + 12 + 13)/3 = 12$
Mayo	19	$(12 + 13 + 16)/3 = 14$
Junio	23	$(13 + 16 + 19)/3 = 16$
Julio	26	$(16 + 19 + 23)/3 = 19$
Agosto	30	$(19 + 23 + 26)/3 = 23$
Septiembre	28	$(23 + 26 + 30)/3 = 26$
Octubre	18	$(26 + 30 + 28)/3 = 28$
Noviembre	16	$(30 + 28 + 18)/3 = 25,$
Diciembre	14	$(28 + 18 + 16)/3 = 21$

Así pues, vemos que la previsión para diciembre es de 20. Para prever la demanda de revistas en el próximo mes de enero, se suman las ventas de octubre, noviembre y diciembre, y se dividen por 3: la previsión para enero es $(18 + 16 + 14)/3 = 16$.

3.6.3.2. Media móvil ponderada

Cuando existe una tendencia o patrón detectable se pueden utilizar ponderaciones o pesos para resaltar más los valores recientes. Esta práctica hace que la técnica de previsión sea más sensible a los cambios, porque los periodos más recientes se ponderan con un mayor peso. La elección de las ponderaciones es algo arbitrario, ya que no existe ninguna fórmula para determinarlas. Por tanto, es necesario tener cierta experiencia para poder decidir qué ponderaciones se van a utilizar. Por ejemplo, si al último mes o periodo se le da demasiada ponderación, la previsión puede reflejar demasiado rápido una gran variación de la demanda o del patrón de ventas. La media móvil ponderada se puede expresar matemáticamente como:

$$\text{Media móvil ponderada} = \frac{\Sigma \text{ (peso en el periodo } n) \cdot \text{ (demanda en el periodo } n)}{\Sigma \text{ pesos}}$$

Ponderación propuesta:

3	Último mes
2	Penúltimo mes
1	Antepenúltimo mes
6	Suma de ponderaciones

Ejemplo 2.

Cálculo de la media móvil ponderada

Mes	Ventas reales	Media móvil ponderada de tres meses
Enero	10	
Febrero	12	
Marzo	13	
Abril	16	(10 + 12x2 + 13x3)/6 = 12
Mayo	19	(12 + 13x2 + 16x3)/6 = 14
Junio	23	(13 + 16x2 + 19x3)/6 = 17
Julio	26	(16 + 19x2 + 23x3)/6 = 21
Agosto	30	(19 + 23x2 + 26x3)/6 = 24
Septiembre	28	(23 + 26x2 + 30x3)/6 = 28
Octubre	18	(26 + 30x2 + 28x3)/6 = 28
Noviembre	16	(30 + 28x2 + 18x3)/6 = 23
Diciembre	14	(28 + 18x2 + 16x3)/6 = 19

Tanto la media móvil simple como la ponderada son eficaces en el alisado de fluctuaciones repentinas en los patrones de demanda para proporcionar estimaciones estables. Las medias móviles, sin embargo, presentan tres problemas:

1. Si se aumenta el tamaño de n (el número de periodos promediados) se tiene una mejora de las fluctuaciones, pero hace que el método sea menos sensible a cambios *reales* en los datos.

2. Las medias móviles no son muy buenas a la hora de captar tendencias. Esto es debido a que son medias y, por ello, siempre seguirán el ritmo de niveles pasados y. por tanto, no podrán predecir cambios hacia niveles superiores o inferiores. Es decir, *se rezagan* con respecto a los valores reales.

3. Las medias móviles requieren un gran número de datos históricos.

La Figura 2 es un gráfico de los datos de los Ejemplos 1 y 2 que muestra el efecto de retardo de los modelos de medias móviles. Observe que tanto las líneas de la media móvil como de la media móvil ponderada van desfasadas con respecto a la demanda real a partir del mes de abril. Sin embargo, la media móvil ponderada normalmente reacciona más rápidamente a los cambios de la demanda. Incluso en periodos de disminución de demanda (*véase* noviembre y diciembre), sigue a la demanda real más de cerca.

Figura 2

Demanda real frente a los métodos de media móvil y media móvil ponderada para el

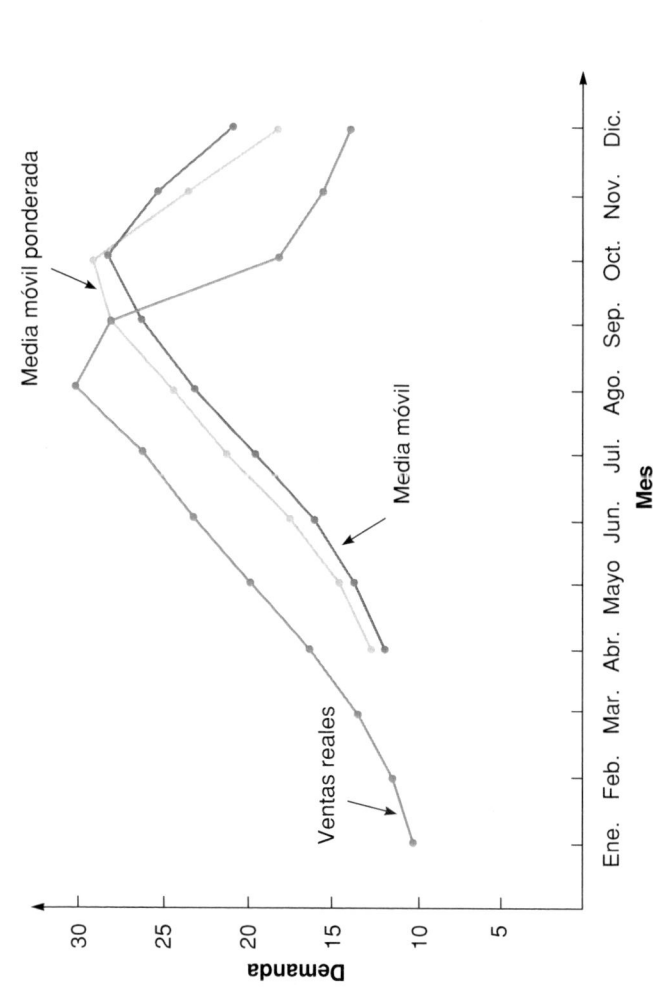

3.6.4. Alisado exponencial

El **alisado exponencial** es un método de previsión de medias móviles ponderadas relativamente fácil de aplicar. Necesita un **reducido** número de datos. La fórmula base del **alisado** exponencial se puede ser expresada de forma matemática como:

$$F_t = F_{t-1} + \alpha(A_{t-1} - F_{t-1})$$

donde:

F_t = nueva previsión

F_{t-1} = Previsión anterior

α = constante de alisado (o ponderación) $(0 < \alpha < 1)$

A_{t-1} = demanda real del periodo previo

Es decir, la estimación de la demanda para un periodo es igual a la estimación hecha para el periodo anterior, ajustada por una fracción de la diferencia entre la demanda real del periodo anterior y la estimación que hicimos para el mismo.

Ejemplo: En enero, una editorial valenciana predijo para febrero una demanda de 1.420 ejemplares de la novela "Amics per sempre". La demanda real en febrero fue de 1.530 ejemplares. Utilizando una constante de alisado escogida por la dirección de α= 0,2, se puede predecir la demanda de marzo utilizando el modelo del alisado exponencial.

Sustituyendo estos datos en la fórmula, se obtiene:

Nueva previsión (para la demanda de marzo) = 1.420 + 0,2(1.530 - 1.420) = 1.420 + 22 = 1.442

Por tanto, la demanda prevista de ejemplares de la novela "Amics per sempre" para el mes de marzo es de 1.442.

Habitualmente, la *constante de alisado* α para las aplicaciones empresariales está en el intervalo comprendido entre 0,05 y 0,50. Cuando α alcanza el valor extremo de 1. Desaparecen todos los valores antiguos, y la previsión es idéntica a la demanda en el periodo actual.

A continuación, vamos a aplicar está técnica al siguiente supuesto: cierta editorial ha vendido en los últimos ocho trimestres ejemplares de su novela "Amics per sempre" en las cantidades indicadas en la tabla.

El director de operaciones quiere analizar las ventas según la técnica de alisado exponencial, con un $\alpha = 0,10$ y $\alpha = 0,50$, para lo cual supone una previsión en el primer trimestre de 1.750 ejemplares.

La siguiente tabla muestra los cálculos sólo para $\alpha = 0,10$.

Ejemplo 3.

Cálculo de alisado exponencial

Trimestre	Ventas reales	Previsión redondeada utilizando $\alpha = 0,10$
1	1800	1.750
2	1680	1.755 | 1.750 + 0,10 (1.800-1.750) = 1.755,00
3	1590	1.748 | 1.755 + 0,10 (1.680–1.755) = 1.747,50
4	1750	1.732 | 1.747,50 + 0,10 (1.590-1.747,50) = 1.731,75
5	1900	1.734 | 1.731,75 + 0,10 (1.750-1.731,75) = 1.733.58
6	2050	1.750 | 1.733,6 + 0,10 (1.900-1.733,58) = 1.750,22
7	1800	1.780 | 1.750,22 + 0,10 (2.050-1.750.22) = 1.780,20
8	1820	1.782 | 1.780,20 + 0,10 (1.800-1.780,20) = 1782,18
9		1.786 | 1782,18 +0,10(1.820-1.782,2) = 1.785,96

Elección de la constante de alisado

El método de alisado exponencial es fácil de utilizar, y se ha aplicado con éxito en casi todo tipo de negocios. El valor adecuado de la constante de alisado α, sin embargo, puede marcar la diferencia entre una previsión precisa y una imprecisa. El objetivo es obtener la previsión más exacta posible.

3.6.5. Desviación absoluta media (DAM)

La exactitud global de cualquier modelo de previsión —media móvil, alisado exponencial, u otro— puede determinarse comparando los valores previstos de periodos del pasado con la demanda real u observada para estos periodos. Si *Ft* es la previsión en el periodo *t*, y *At* la demanda real en el periodo *t*, el *error de previsión* (o desviación) se define como:

$$\text{Error de previsión} = \text{Demanda real} - \text{Previsión}$$
$$= (A_t - F_t)$$

Existen diferentes medidas para calcular el error total de previsión que se pueden utilizar para comparar distintos modelos, así como para controlar que las previsiones están siendo adecuadas. Tres de las medidas más habituales son la desviación absoluta media (DAM), el error cuadrado medio (ECM) y el error porcentual absoluto medio (EPAM). Nosotros nos centraremos en el primero de ellos.

La primera medida del error de previsión global de un modelo es la **desviación absoluta media (DAM)**. Este valor se calcula sumando los valores absolutos de los errores de previsión individuales y dividiendo por el número de periodos de los datos (n):

$$DAM = \frac{\Sigma \text{ Error de previsión (Real - Previsto)}}{n}$$

Ejemplo 4.

Cálculo de la desviación absoluta media (DAM)

Trimestre	Ventas reales	Previsión redondeada utilizando $\alpha = 0,10^*$	Previsión redondeada utilizando $\alpha = 0,50^*$
1	1800	1.750,00	1.750,00
2	1680	1.755,00	1.775,00
3	1590	1.747,50	1.727,50
4	1750	1.731,75	1.658,75
5	1900	1.733,58	1.704,38
6	2050	1.750,22	1.802,19
7	1800	1.780,20	1.926,09
8	1820	1.782,18	1.863,05
* Previsión redondeada.			

Para evaluar la exactitud de cada constante de alisado, pueden calcularse los errores de la previsión en términos de desviaciones absolutas y DAM.

Trimestre	Tonelaje descargado real	Previsión redondeada con $\alpha = 0,10$	Desviación absoluta con $\alpha = 0,10^*$	Previsión redondeada con $\alpha = 0,50$	Desviación absoluta con $\alpha = 0,50$
1	1800	1.750	50	1.750	50
2	1680	1.755	75	1.775	95
3	1590	1.748	158	1.728	138
4	1750	1.732	18	1.659	91
5	1900	1.734	166	1.704	196
6	2050	1.750	300	1.802	248
7	1800	1.780	20	1.926	126
8	1820	1.782	38	1.863	43
Suma de las desviaciones absolutas			825		986
DAM = Σ desviaciones / n			103		123

Según este análisis, es preferible una constante de **alisado** de $\alpha = 0,10$ a una de $\alpha = 0,50$, puesto que su DAM es menor. La mayoría de los software de previsión incluyen una funcionalidad que automáticamente encuentra la constante de alisado que da el error de previsión más bajo. Algún software modifica el valor de α si los errores son mayores de lo aceptable.

3.6.6. Proyecciones de tendencia

El último método de previsión de series temporales que vamos a analizar es el de la **proyección de tendencia**. Esta técnica ajusta una línea de tendencia a una serie de datos históricos, y después proyecta la línea hacia el futuro para realizar previsiones a medio o largo plazo. Se podrían desarrollar diferentes ecuaciones matemáticas de tendencia (por ejemplo, exponencial y cuadrática), pero en esta sección se desarrollarán solamente las tendencias *lineales* (línea recta).

Si se decide elaborar una línea recta de tendencia utilizando un método estadístico preciso, se puede aplicar el *método de los mínimos cuadrados*. El resultado de este enfoque es una línea recta que minimiza la suma de los cuadrados de las distancias verticales o desviaciones de la recta a cada una de las observaciones reales. La Figura 3 ilustra el enfoque de mínimos cuadrados.

Figura 3

El método de los mínimos cuadrados para encontrar la mejor recta de ajuste, donde los asteriscos muestran la ubicación de las siete observaciones reales o datos

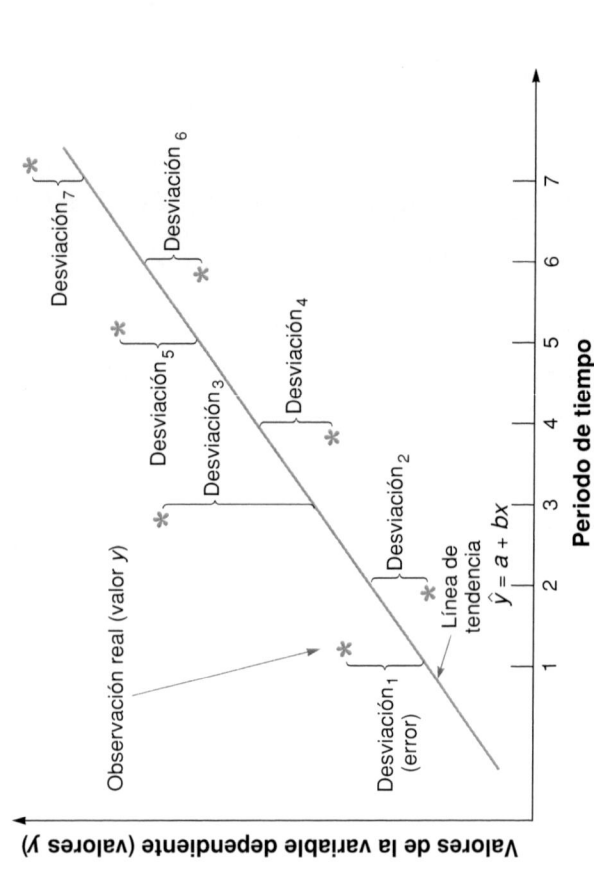

La recta de mínimos cuadrados queda definida por el punto de corte con el eje de la y (la altura a la que corta al eje vertical) y por su pendiente (el ángulo de la recta). Si se calcula el corte con y y la pendiente, la recta se puede expresar con la siguiente ecuación:

$$\hat{y} = a + bx$$

donde:

$\hat{y}$ (llamada "y con sombrero") = valor calculado de la variable a predecir (llamada *variable dependiente*)

a = corte en el eje y

b = pendiente de la recta de regresión (o la velocidad de variación de y con respecto a variaciones dadas en x)

x = variable independiente (en este caso es el *tiempo*)

Los estadísticos han desarrollado ecuaciones que se pueden utilizar para hallar los valores de a y b para cualquier recta de regresión.

La pendiente b se calcula mediante la fórmula:

$$b = \frac{\Sigma xy - n\,\bar{x}\bar{y}}{\Sigma x^2 - n\,\bar{x}^2}$$

donde:

b = pendiente de la recta de regresión

Σ = sumatorio

x = valores conocidos de la variable independiente

y = valores conocidos de la variable dependiente

$\bar{x}$ = media de los valores de x

$\bar{y}$ = media de los valores de y

n = número de datos u observaciones

Se puede calcular la intersección con *y* de la siguiente forma:

$$a = \bar{y} - b\bar{x}$$

Utilizar el método de mínimos cuadrados implica cumplir tres requisitos:

1. Siempre tenemos que representar gráficamente los datos, porque los mínimos cuadrados suponen una disposición de los datos aproximadamente en línea recta. Si la representación da lugar a una curva, probablemente habrá que recurrir a un análisis curvilíneo.

2. No se hacen pronósticos para periodos de tiempo mucho más allá de los correspondientes a nuestros datos. Por ejemplo, si se tiene el valor medio de los precios de las acciones de Microsoft durante 20 meses, sólo se podrá hacer una previsión de futuro de 3 o 4 meses. Cualquier previsión más allá de este periodo tendrá poca validez estadística. Por tanto, no se pueden tomar los valores de los datos de ventas de los 5 últimos años y hacer las proyecciones de futuro para los próximos 10 años. El mundo es demasiado imprevisible.

3. Se supone que las desviaciones alrededor de la recta de mínimos cuadrados (*véase* la Figura 4) son aleatorias, y están normalmente distribuidas, con la mayoría de las observaciones alrededor de la recta, y sólo un pequeño número se aleja de ésta.

Ejemplo 5.

Proyecciones de tendencia

Año	Periodo de tiempo (x)	Demanda de libros (y)	x^2	$x \cdot y$
1999	1	74	1	74
2000	2	79	4	158
2001	3	80	9	240
2002	4	90	16	360
2003	5	105	25	525
2004	6	142	36	852
2005	7	122	49	854
Σ	28	692	140	3063

$$\bar{x} = \frac{\Sigma x}{n} = \frac{28}{7} = 4 \qquad \bar{y} = \frac{\Sigma y}{n} = \frac{692}{7} = 98{,}86$$

$$b = \frac{\Sigma xy - n\,\bar{x}\bar{y}}{\Sigma x^2 - n\,\bar{x}^2} =$$

$$= \frac{3.063 - (7)\cdot(4)\cdot(98{,}86)}{140 - (7)\cdot(4^2)} = \frac{295}{28} = 10{,}54$$

$$a = \bar{y} - b\bar{x} = 98{,}86 - 10{,}54\cdot(4) = 56{,}70$$

Así pues, la ecuación de la tendencia por mínimos cuadrados es:

$$\hat{y} = 56{,}70 + 10{,}54x$$

Para estimar la demanda de 2006, primero denominemos el año 2006 en nuestro nuevo sistema de codificación como $x = 8$:

Demanda en 2006 =
56,70 + 10,54(8) = 141 libros

Demanda en 2007 =
56,70 + 10,54(9) = 152 libros

Para confirmar la validez del modelo, se representa la demanda histórica y la línea de tendencia en la Figura 4. En este caso, se debe ser cuidadoso, e intentar entender la oscilación de la demanda de 2004 a 2005.

Figura 4

Representación de la demanda real y la línea de tendencia

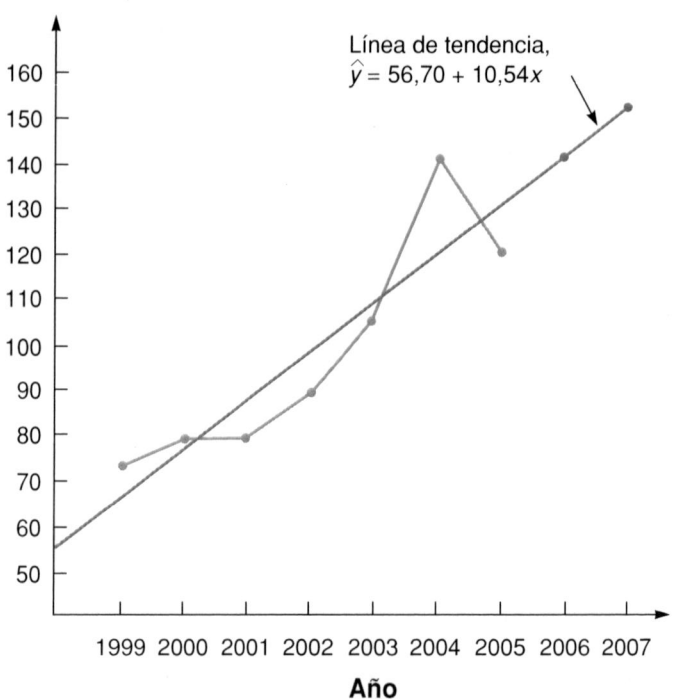

Año

3.7. Métodos de previsión causal

A diferencia de la previsión de series temporales, los modelos de previsión causal o asociativa suelen tener en cuenta distintas variables que están relacionadas con la cantidad que se va a predecir. Una vez que se han identificado estas variables relacionadas entre sí, se construye un modelo estadístico que se utilizará para hacer la previsión de la variable que nos interesa. Este enfoque es más potente que el de las series temporales, que únicamente utiliza los valores históricos de la variable a predecir.

En el análisis causal hay que tener en cuenta muchos factores. Por ejemplo, las ventas de PC de Dell podrían relacionarse con el presupuesto de publicidad de Dell, los precios de la empresa, los precios de los competidores y sus estrategias de promoción, o incluso con la economía nacional y la tasa de desempleo. En este caso, las ventas de PC serían la *variable dependiente* y las otras variables se denominarían *variables independientes*. El trabajo del directivo consiste en desarrollar la *mejor relación estadística entre las ventas de PC y las variables independientes*. El modelo cuantitativo de previsión causal más común es el **análisis de regresión lineal.**

3.7.1. Utilización del análisis de regresión para realizar previsiones

Para llevar a cabo un análisis de regresión lineal puede utilizarse el mismo modelo matemático empleado en el método de los mínimos cuadrados de proyección de tendencia. La variable dependiente que se quiere prever continuará siendo $\hat{y}$. Pero ahora la variable independiente, x, no tiene por qué seguir siendo el tiempo. Por tanto, continuaremos utilizando la ecuación:

$$\hat{y} = a + bx$$

donde:

$\hat{y}$ (llamada "*y* con sombrero") = valor calculado de la variable a predecir (llamada *variable dependiente*)

a = corte en el eje *y*

b = pendiente de la recta de regresión (o la velocidad de variación de *y* con respecto a variaciones dadas en x)

x = variable independiente

En el siguiente ejemplo se muestra cómo se utiliza la regresión lineal.

Ejemplo 6.

La editorial Campgrafic edita libros sobre tipografía en castellano. Con el paso del tiempo, la compañía ha descubierto que su volumen de ventas depende de los salarios del sector de las artes gráficas, especialmente de los diseñadores gráficos. La siguiente tabla es un listado de los ingresos de la editorial Campgrafic y del salario medio de un diseñador gráfico en España durante los seis últimos años.

La dirección de la editorial Campgrafic quiere establecer una relación matemática que le ayude a predecir las ventas. En primer lugar, tiene que determinar si existe una relación directa (lineal) entre los salarios locales y las ventas; para ello, se dibujan los datos conocidos en un diagrama de dispersión (figura 5).

Ventas de Camgráfic (en miles de euros) (y)	Salario medio de un diseñador gráfico (en miles de euros) (x)
2,0	1
3,0	3
2,5	4
2,0	2
2,0	1
3,5	7

Figura 5
Diagrama de dispersión

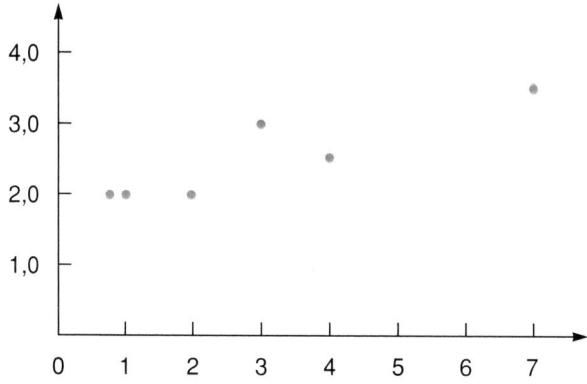

A partir de los seis puntos, se observa una leve relación de carácter positivo entre la variable independiente (salarios) y la variable dependiente (ventas): a medida que los salarios aumentan, las ventas de Campgrafic tienden a ser mayores.

Puede hallarse una ecuación matemática utilizando la regresión de mínimos cuadrados.

Cálculo de la ecuación de regresión lineal

Ventas (y)	Salarios (X)	x^2	$x \cdot y$
2,0	1	1	2,0
3,0	3	9	9,0
2,5	4	16	10,0
2,0	2	4	4,0
2,0	1	1	2,0
3,5	7	49	24,5
15	18	80	51,5

$$\bar{x} = \frac{\Sigma x}{n} = \frac{18}{6} = 3 \qquad \bar{y} = \frac{\Sigma y}{n} = \frac{15}{6} = 2,5$$

$$b = \frac{\Sigma xy - n\,\bar{x}\bar{y}}{\Sigma x^2 - n\,\bar{x}^2} =$$

$$= \frac{51,5 - (6)\cdot(3)\cdot(2,5)}{80 - (6)\cdot(3^2)} = \frac{6,5}{26} = 0,25$$

$$a = \bar{y} - b\bar{x} = 2,5 - 0,25\cdot(3) = 1,75$$

Por tanto, la ecuación de regresión estimada es:

$$\hat{y} = 1,75 + 0,25x$$

Ventas = 1,75 + 0,25 (salarios)

Por tanto, si la asociación de diseñadores de España prevé que para el salario medio de un diseñador para el próximo mes será de 6 mil euros, pueden estimarse las ventas en Camgrafíc recurriendo a la ecuación de regresión:

Ventas = 1,75 + 0,25 (6) = 3,25 (miles de euros)

Ventas = 3.250 €

La parte final de este ejemplo muestra una debilidad básica de los métodos de previsión causal del tipo de la regresión. Incluso cuando se ha calculado una ecuación de regresión, es necesario suministrar una previsión de la variable independiente *x* (en este caso, salarios), antes de estimar el valor de la variable dependiente *y* para el próximo periodo. Aunque esto no supone un problema para todas las previsiones, podemos imaginar la dificultad de calcular los valores futuros de algunas variables dependientes habituales (como tasas de desempleo, producto nacional bruto, índices de precios, y demás).

3.7.2. Error estándar de la estimación

La previsión de unas ventas de 3.250 euros para Camgrafic se denomina *estimación puntual de y*. Realmente, la estimación puntual es la media, o *valor esperado*, de una distribución de posibles valores de las ventas. La siguiente figura ilustra este concepto. Para medir la exactitud de las estimaciones de la regresión, es necesario calcular el *error estándar de estimación*, $S_{y,x}$. Este error se conoce como la *desviación estándar de la regresión*: mide el error desde la variable dependiente, *y*, hasta la línea de regresión, en lugar de hasta la media. La Ecuación es una expresión similar a la encontrada en la mayoría de los libros de estadística para el cálculo de la desviación estándar de una media aritmética.

$$S_{y,x} = \sqrt{\frac{\Sigma(y-y_c)^2}{n - 2}}$$

donde:

y = valor de *y* para cada dato

y_c = valor de la variable dependiente, calculado a partir de la ecuación de regresión

n = número de datos

$$S_{y,x} = \sqrt{\frac{\Sigma y^2 - a\Sigma y - b\Sigma xy}{n - 2}}$$

Figura 6

Error estándar de estimación

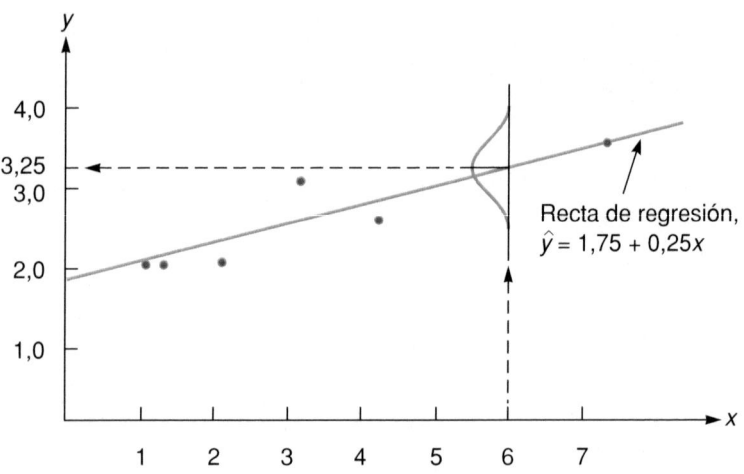

La última ecuación propuesta puede parecer más compleja, pero en realidad es una versión más sencilla de utilizar. Ambas fórmulas proporcionan la misma respuesta, y pueden utilizarse para fijar los intervalos de predicción alrededor de la estimación puntual.

Ejemplo de cómo se calcularía el error estándar de estimación del caso anterior.

Para calcular el error estándar de estimación para los datos de Campgrafic, el único valor del que no disponemos para calcular $S_{y,x}$ es Σy^2. Haciendo la suma correspondiente encontramos que $\Sigma y^2 = 39,5$.

Entonces:

$$S_{y,x} = \sqrt{\frac{\Sigma y^2 - a\Sigma y - b\Sigma xy}{n - 2}}$$

$$S_{y,x} = \sqrt{\frac{39,5 - 1,75 \cdot (15,0) - 0,25 \cdot (51,5)}{6 - 2}}$$

$$S_{y,x} = \sqrt{0,09375} = 0,306$$

El error estándar de la estimación es, por tanto, de 306 euros en ventas.

3.7.3. Coeficientes de correlación para las rectas de regresión

La ecuación de regresión es una forma de expresar la naturaleza de la relación entre dos variables. Las rectas de regresión no son relaciones "causa-efecto". Simplemente, describen la relación entre las variables. La ecuación de regresión muestra cómo está relacionada una variable con los valores y cambios de otra variable.

Otra forma de evaluar la relación entre dos variables es calcular el **coeficiente de correlación**. Esta medida expresa el grado o intensidad de la relación lineal. Identificado normalmente como *r*, el coeficiente de correlación puede ser cualquier número entre +1 y -1. La Figura 7 indica los diferentes tipos de valores que puede tomar *r*.

Para calcular *r* se utilizan muchos de los datos requeridos anteriormente para el cálculo de *a* y *b* en la recta de regresión. La fórmula, bastante extensa, para hallar *r* es:

$$r = \frac{n\Sigma xy - \Sigma x \Sigma y}{\sqrt{[n\Sigma x^2 - (\Sigma x)^2][n\Sigma y^2 - (\Sigma y)^2]}}$$

Un valor alto de r no siempre significa que una variable permita predecir bien el comportamiento de otra. Las longitudes de las faldas y las cotizaciones de la Bolsa pueden estar correlacionadas, pero el hecho de que una variable suba, no quiere decir que la otra subirá también.

A continuación veremos cómo calcular el coeficiente de correlación de los datos del ejemplo de Campgrafic.

En el ejemplo anterior se estudió la relación entre las ventas de libros de la empresa Campgrafic y el salario medio de los diseñadores gráficos españoles. Para calcular el coeficiente de correlación de los datos mostrados, simplemente se necesita añadir una columna más de cálculos (para y^2), y entonces aplicar la ecuación de r:

Cálculo de la ecuación de regresión lineal

y	x	x²	x·y	
2,0	1	1	2,0	4,0
3,0	3	9	9,0	9,0
2,5	4	16	10,0	6,25
2,0	2	4	4,0	4,0
2,0	1	1	2,0	4,0
3,5	7	49	24,5	12,25
15	18	80	51,5	39,5

$$r = \frac{(6)(51,5) - (18)(15)}{\sqrt{[(6)(80) - (18)^2][(6)(39,5) - (15)^2]}}$$

$$r = \frac{309 - 270}{\sqrt{(156)(12)}} = \frac{39}{\sqrt{1.872}} = \frac{39}{43,3} = 0,901$$

Este valor de r de 0,901 indica una correlación significativa y ayuda a confirmar la estrecha relación entre las dos variables.

Aunque el coeficiente de correlación es la medida más comúnmente utilizada para describir la relación entre dos variables, existe otra medida. Es el llamado **coeficiente de determinación**, y es sencillamente el cuadrado del coeficiente de correlación, es decir, r^2. El valor de r^2 siempre será un número positivo dentro del intervalo $0 < r^2 < 1$. El coeficiente de determinación es el porcentaje de variación de la variable dependiente (y), que se explica mediante la ecuación de regresión. En el caso de la editorial Campgrafic, el valor de r^2 es 0,81, que indica que el 81% de la variación total se explica a través de la ecuación de regresión.

Figura 7

Cuatro valores del coeficiente de correlación

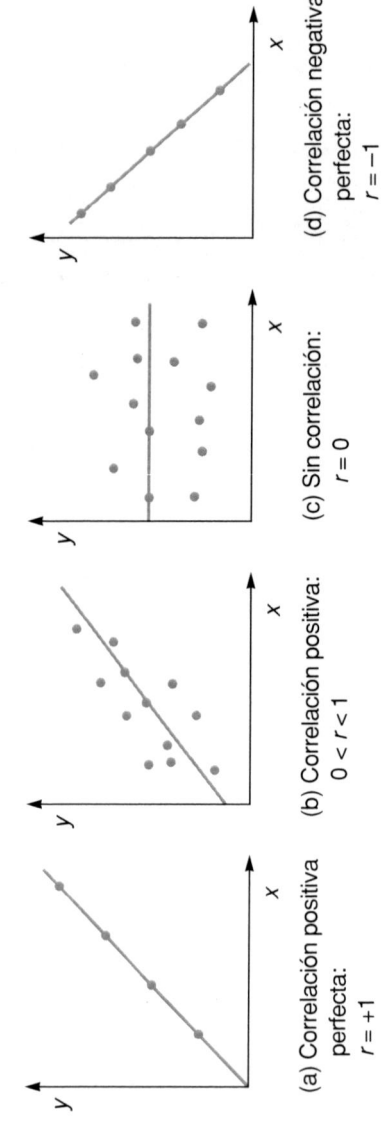

3.8. Actividades de evaluación

3.8.1. Actividades individuales

3.8.1.1. Media móvil simple, ponderada y alisado exponencial.

Las ventas en kioskoymas.com de la revista "Fotogramas" son las siguientes:

Mes	E	F	M	A	M	J	J	A	S	O	N	D
Ventas reales	75	60	50	90	75	65	70	45	50	85	75	70

La dirección de la empresa decide prever las ventas de revistas ponderando los tres meses del trimestre de la siguiente forma:

Pesos aplicados	Período
1	Último mes
2	Penúltimo mes
4	Antepenúltimo mes
7	Suma de pesos

Calcular:

a) Utilizando una media móvil simple de tres meses, la previsión para abril, julio y noviembre.

b) Utilizando una media móvil ponderada de tres meses, previsión para abril, julio y noviembre.

c) Dibuja la gráfica que relaciona la demanda real, la media móvil y la media móvil ponderada.

d) Usando una "constante de alisado" de 0,35 y una previsión para septiembre según la media móvil ponderada, la previsión para octubre según el método de "alisado exponencial".

3.8.1.2. Constante de alisado y DAM

Para fabricar la revista "Fotogramas" se necesita papel estucado de 115 grms. En la imprenta se han utilizado unas determinadas cantidades de papel durante los últimos seis trimestres y el director comercial quiere hacer un estudio de previsión por la técnica de alisado exponencial para ver si hay posibilidad de abrir nuevos mercados o consolidar los existentes. Para ello prevé que la cantidad descargada de papel estucado en el primer trimestre es de 130 toneladas y el estudio que se hace es para dos constantes de alisado diferentes una de 0,3 y otra de 0,5. Calcular cuál de estas constantes de alisado es más adecuada aplicando el método de desviación absoluta media.

Trimestre	1	2	3	4	5	6
Toneladas	145	165	150	130	155	180

3.8.1.3. Línea de tendencia

La demanda de la revista "Fotogramas" en el período 2008-2014 en España son (en miles):

Año	2008	2009	2010	2011	2012	2013	2014
Demanda	1.500	1.650	1.550	1.675	1.700	1.850	1.775

Utilizando la proyección de tendencia, por el método de los mínimos cuadrados, calcular:

a) Línea de tendencia.

b) Previsión de la demanda para el año 2015, analítica y gráficamente.

3.8.I.4. Regresión líneal

La facturación de unos grandes almacenes demuestra que cuando se hace publicidad gráfica de sus productos y se envía directamente a los clientes (buzones casas, carteles, etc.). las ventas aumentan.

La siguiente tabla es un listado de ventas durante los años 2007-2012 y total gastado en publicidad gráfica.

Ventas (x 10^7 €)	Publicidad (x 10^4 €)
4	2,5
5	4
3	1,5
3,5	2
6	10
6	13

Si el departamento comercial de la empresa, con vistas a captar nuevos clientes, destina para el año 2013 un gasto total en publicidad gráfica de ciento diez mil euros.

a) Calcular, si es posible, las ventas para el año 2013 mediante el análisis de regresión lineal.

b) Calcular y explicar el error estándar de la estimación.

c) Calcular y explicar el coeficiente de correlación y el coeficiente de determinación para la recta de regresión anteriormente obtenida.

3.8.I.5. Costes de distribución

Histórico de costes de distribución (en miles de euros) de la editorial Bromera:

Mes	abril	mayo	junio	julio	agosto	sept.
Costes	2,5	3,0	2,8	3,2	2,0	3,0

a) Utilizando una media móvil simple de cuatro meses, calcular la previsión para octubre.

b) Usando una constante de alisado $\alpha = 0,2$ y una previsión para septiembre de 2,7, calcular una previsión para octubre.

c) Usando el análisis de regresión lineal, por el método de los mínimos cuadrados. Calcular la línea de tendencia y explicar si el resultado es fiable.

d) Dar la previsión para octubre según apartado c.

3.8.2. Actividades por grupos

3.8.2.1. Amenazas Persistentes Avanzadas

Con los datos de la siguiente tabla referentes a la demanda real de ventas del libro "Amenazas Persistentes Avanzadas" de la editorial Nau Llibres. Analizar los datos históricos y elaborar un sistema de previsión de demanda completo.

PERIODO	DEMANDA	PERIODO	DEMANDA
Ene-2012	92	Ene-2013	72
Feb-2012	135	Feb-2013	78
Mar-2012	161	Mar-2013	90
Abr-2012	190	Abr-2013	120
May-2012	207	May-2013	160
Jun-2012	210	Jun-2013	210
Jul- 2012	214	Jul-2013	275
Ago-2012	200	Ago-2013	322
Sep-2012	175	Sep-2013	345
Oct-2012	140	Oct-2013	370
Nov-2012	110	Nov-2013	350
Dic-2012	85	Dic-2013	300

Guión de un sistema de previsión completo de esta serie temporal

a) Previsión de la demanda con media simple. Comparar resultados con demanda real.

b) Ponderar períodos (trimestres). Comparar resultados con demanda real.

c) Comparar media móvil simple con media móvil ponderada.

d) Elegir α con menor desviación absoluta media para el alisado exponencial, partiendo de una previsión para enero del 2.012 de 100.

e) Calcular la previsión de demanda para enero del 2014 según alisado exponencial.

f) Calcula por el método de proyección de tendencia la previsión para enero del 2014 y compara dicho método con el alisado exponencial. Elección de uno de ellos.

g) Error estándar de estimación.

h) Coeficiente de correlación.

i) Señal de rastreo. La aceptada por gerencia es +/- 3.

j) Modificación del sistema de previsión (cambiar α, si se ha elegido previsión por alisado exponencial), en caso de no cumplir con la señal de rastreo aceptada.

k) Hacer la previsión, si se puede (o sea si elegimos la proyección de tendencia), para el mes de agosto del 2014.